徹底追及
安保3文書

国家安全保障戦略

国家防衛戦略

防衛力整備計画

戦争の準備でなく
平和の準備を

「しんぶん赤旗」政治部 安保・外交班

日本共産党中央委員会出版局

はじめに

「『新しい戦前』への道標」。こう言って差し支えないのが、2022年12月16日、岸田政権が強行した「安保3文書」の閣議決定です。

「安保3文書」とは、日本の安全保障政策の基本を示した「国家安全保障戦略」「国家防衛戦略」「防衛力整備計画」のことです。岸田政権はこれらの文書に、憲法どころか国際法違反の先制攻撃につながる「敵基地攻撃能力」を保有し、軍事費をGDP（国内総生産）比1％から2％に倍増するなど、異次元の大軍拡を盛り込みました。歴代政権は、敵基地攻撃能力の保有は憲法違反であると、国会で繰り返し答弁しており、憲法解釈として確立しています。ところが岸田政権は一度たりとも国会の判断を経ないまま、一片の閣議決定で重要な憲法解釈を踏みにじったのです。まさにクーデター的手法です。

フランスの「自由・平等・博愛」のように、各国にはアイデンティティがあります。日本の場合、憲法に基づく「平和主義」こそ、絶対に守るべきアイデンティティでしょう。人類史上最大の悲劇である第2次世界大戦を経てもなお、ロシアのウクライナ侵略やイスラエルのパレスチナ・ガザ地区攻撃など、殺戮が絶えない世界において、自衛隊が1人の外国人も殺さず、1人の戦死者も出していないことは、特筆すべき記録です。それは、自衛隊が憲法9条の制約を受けているからです。阪田雅裕・元内閣法制局長官は「この制約がなければ、自衛隊は米国の要請を受け、間違いなくベトナム戦争に参戦していた。戦死者も出ていたし、ベトナム人も殺していただろう」と話していました。岸田政権がこの国の在り方を根本的に変え、アメリカとともに、世界有数の軍事大国への道を歩もうとしているいま、私たちは決して無関心であってはなりません。

では、現状はどうでしょうか。

2015年、安倍政権が安保法制を強行し、憲法違反の集団的自衛権の行使を可能にしようとしたとき、10万人を超える市民が国会を包囲し、野党は一致して反対し、メディアも連日、批判の報道を繰り返しました。ところが、安保3文書をめぐっては、維新・国民民主などの一部野党は反対どころかさらなる軍拡推進・憲法9条改定を主張し、岸田政権を後押ししています。メディアも、安保3文書についてまともに報じていません。それどころか、安保3文書にお墨付きを与える有識者会議にメディア幹部がこぞって名を連ね、率先して大軍拡の推進を主張していることも明らかになりました。

市民の間にも、戸惑いがあるのも事実です。3文書の最上位文書である「国家安全保障戦略」は、ロシアのウクライナ侵略や「中国脅威」をあおり、日本は「戦後最も厳しい安全保障環境」にあるとして、「防衛力の抜本的強化」を図らなければならないとしています。

しかし、安保3文書に基づく大軍拡は、日本を守るためではありません。真の狙いは、同盟国を巻き込んで中国包囲網を形成する米国の「統合抑止」戦力を担うことであり、米軍と自衛隊を「統合」し、日本を米中対立の最前線に立たせることにあります。中国との軍事衝突が起これば国土が戦場になり、市民の生命・財産が脅かされることになります。とりわけ、南西地域が真っ先に、戦争に巻き込まれることになるでしょう。

いったん戦争が起これば、終わりの見えない破壊と殺戮が続くことは、現在の国際情勢を見れば明らかです。重要なのは、「抑止力」のための軍事力強化ではなく、絶対に戦争を起こさないための外交戦略です。戦争の準備でなく、平和の準備を、今こそ。

本書は、「しんぶん赤旗」が安保3文書の閣議決定以降に掲載した主要な記事を再構成し、岸田大軍拡の危険性を徹底的に暴くとともに、平和の対案を示しています。学習資料として役立てていただければ幸いです。

2023年12月

「しんぶん赤旗」政治部 安保・外交班（竹下岳、石橋さくら、小林司、齋藤和紀、田中智己）

目次

はじめに……2

安保3文書 危険な大転換……7

安保3文書とは 7／対米従属下の国家総動員体制 8／南西諸島の戦場化想定 11／日本発ミサイル戦争も 12／日米一体で敵基地攻撃 14／暮らし壊す大軍拡の道 15／軍事研究に民間「活用」 17／海保も空港・港も軍事下 18／情報戦、強まる国民監視 20／日本購入トマホーク性能判明 21／メディア幹部、大軍拡後押し 23／「殺傷兵器」輸出解禁へ 24

敵基地攻撃能力の危険

志位委員長質問が明らかにしたもの……25

先制攻撃前提の米と融合 25／IAMD（統合防空ミサイル防衛）切れ目なく 26／「脅威でない」首相説明不能 29／憲法解釈と専守防衛を覆す 30／自衛隊「統合作戦司令部」32

〈クローズアップ〉

これが敵基地攻撃能力 36

安保3文書「国土戦場」想定の基地強靱化 40

岸田政権 亡国の大軍拡 44

解剖 岸田大軍拡 24年度 軍事費8兆円……48

乱立する攻撃ミサイル 48／無謀・非現実的な開発 50／敵基地攻撃へ日米統合 53／先制攻撃

に傾斜する必然性 54／「令和の戦艦大和」イージス搭載艦 57／米国製高額兵器でかさむ借金 59／軍事費、国交・文科予算上回る 60／防衛省以外にも軍拡予算 62／巨大軍需産業、空前の活況 64／「軍事依存企業」創出 66

米国言いなり政治の転換を …… 68

岸田大軍拡　対中戦略に従属 68／日米安保　日本守るどころか戦場化 72／大軍拡の裏に米要求 75／改憲に固執「戦争する国」9条が阻む 76／同盟強化は戦争の道　包摂的な平和の枠組みこそ 79

ミサイル基地　現場から …… 83

要塞化へ地ならし　沖縄・先島諸島 83／森壊し巨大な弾薬庫　鹿児島・奄美大島 88／大型弾薬庫建設の強行　大分 92

〈資料〉「安全保障」3文書（要旨・抜粋） …… 94

※本書で登場する人物の肩書きは、いずれも当時のものです。

「しんぶん赤旗」での初出

安保3文書　危険な大転換

２０２２年12月17、18、19、20、21、22、23日付、２０２３年４月30日、１月26日付

（「安保３文書とは」は書き下ろし）

敵基地攻撃能力の危険　志位委員長質問が明らかにしたもの

２０２３年２月６、７、８日付、10月28日付

〈クローズアップ〉

「すいよう特集」２０２３年２月８日付、４月12日付、３月１日付

解剖　岸田大軍拡　24年度 軍事費８兆円

２０２３年９月18、25日付、10月２、12、22日付

米国言いなり政治の転換を

２０２３年６月19日付、７月９日付、22年６月５日付、23年７月18日付、８月11日付

ミサイル基地　現場から

２０２３年５月６、７日付、12月16日付

安保3文書 危険な大転換

安保3文書とは

従来、政府は日米安保体制の強化、自衛隊の増強に伴い、「防衛計画の大綱」（1976年～）「中期防衛力整備計画」（86年～）という軍拡計画を決定し、更新してきました。さらに、戦後日本で最初の戦略文書「国防の基本方針」（57年）に代わるものとして、2013年、「国家安全保障戦略」が初めて決定されました。

22年12月16日、岸田政権が閣議決定した安保3文書は、▽最上位の戦略文書である「国家安全保障戦略」▽「防衛目標」を達成するための手段を示す「国家防衛戦略」（「防衛計画の大綱」から改称）▽軍事費の総額や装備品数量を示す「防衛力整備計画」（「中期防衛力整備計画」から改称）――で構成されています。従来の戦略文書を、米国と同じ名称とすることで日米の戦略面での一体化を図るのが狙いです。内容においても、中国について、米国の「国家安全保障戦略」（NSS）と全く同じ「最大の戦略的挑戦」という文言を用いています。

■

最大の特徴は、歴代政権が違憲としてきた敵基地攻撃能力（「反撃能力」）の保有を明記したことです。大量の長射程ミサイルを導入し、これらのミサイルを米国の指揮下で運用し、日本が攻撃を受けていなくても米国の肩代わりで他国領域を攻撃する、さらには国際法違反の先制攻撃への参加も排除されていない――。

改定された安保３文書の柱

国家安全保障戦略	最上位の戦略文書。戦後安保政策を実践面から大きく転換。「反撃能力」を定義、軍事費「GDP２%」を明記
国家防衛戦略 （旧防衛計画の大綱）	「防衛目標」の設定と方法、手段を明記。期間はおおむね10年。重視する能力として、①スタンド・オフ防衛②統合防空ミサイル防衛③無人アセット④領域横断作戦⑤指揮統制⑥機動展開・国民保護⑦強靱《きようじん》性・持続性の７項目を明記
防衛力整備計画 （旧中期防衛力整備計画）	10年後の体制を念頭に５年間の経費総額、装備品の数量など記載。23～27年度で軍事費総額43兆円。敵基地攻撃兵器などの導入計画を記載

戦後安保政策の根幹である、憲法に基づく「平和主義」や、日本の領域に対する攻撃を排除するために実力（軍事力）を行使する「専守防衛」を真っ向から否定する大転換です。

■

それだけではありません。従来、「国内総生産（GDP）の1%」を目安としてきた日本の軍事費について、23年度から27年度のわずか5年で「GDP2%」に引き上げ、その一環として、防衛省予算を23年度から5年間で43兆円に増額すると明記。現行計画の1・5倍超という歴史的な大軍拡です。実行されれば、米国と中国に次ぐ世界第3位の軍事大国となり、戦後、日本が掲げてきた「軍事大国とならない」との防衛の基本方針に真っ向から反します。この方針に基づき、防衛省予算は従来の5兆円台から、24年度には8兆円規模まで膨れ上がりました。犠牲になるのは国民の暮らしです。

■

敵基地攻撃を行えば、相手国から反撃を受けることは目に見えています。このため、3文書では、戦後初めて、日本の国土が戦場になることを想定した対応を次々示しています。①核攻撃も想定した自衛隊基地の「強靱化」②米軍・自衛隊基地が破壊されることを想定し、空港・港湾の軍事利用の拡大や、南西地域に軍事力を集中するためのインフラ強化③「継戦能力（＝長期にわたる）の強化」と称した、弾薬庫の増設や弾薬調達の拡大――などです。

■

米中軍事衝突に参戦し、その結果として国民の生命・財産が脅かされる――こんなことは許されません。

■

以下、本書では、こうした安保3文書の危険性を詳しく見ていきます。3文書に言及する場合は、その名称を太字で示していきます。

対米従属下の国家総動員体制

軍拡の対米公約が出発点

「戦後のわが国の安全保障政策を実践面から大きく転換する」（**国家安全保障戦略**）。こう宣言しているように、安保3文書は、「専守防衛」「平和国家」「軍事大国にならない」といった戦後安保政策の基本をすべて投げ捨て、敵基地攻撃能力の保有などの軍事力強化を国家の最重要目標に引き上げるものです。その背景にあるのは中国「抑止」を念頭に置いた日米同盟強化であり、まさに米主導の新たな国家総動員体制と言えるものです。

軍事費GDP2%

「防衛力の強化」。これが安保3文書のキーワードです。この言葉が最初に現れたのが、2021年4月16日、バイデン米大統領と菅義偉首相による日米共同声明です。同声明は、「台湾海峡の平和と安定」という文言を明記。中国に対抗するための日本の軍事的役割を飛躍的に高めることが迫られていました。

その後、自民党は21年10月の総選挙で軍事費の国内総生産（GDP）比2％への引き上げ＝現行からの2倍化を公約。さらに岸田文雄首相は同年12月の臨時国会で、歴代政権が違憲と判断してきた「いわゆる敵基地攻撃能力」の保有の検討を初めて表明しました。

そして岸田首相は22年6月、日本の首相として初めて北大西洋条約機構（NATO）首脳会議に出席。**国家安全保障戦略**などの改定や、「日本の防衛力を5年以内に抜本的に強化し、その裏付けとなる防衛費の相当な増額を確保する」ことを公約するとともに、「日米同盟を新たな高みに引き上げる」と宣言したのです。

トマホークを発射する米イージス艦ロス＝17年4月7日、地中海（米国防総省DVIDS）

根こそぎ軍事動員

安保3文書は、敵基地攻撃能力の保有にとどまらず、無人兵器や宇宙・サイバー・電磁波、継戦能力＝大量の武器・弾薬の確保など、7項目にわたる自衛隊の能力強化を提示。

さらに、海上保安庁や民間空港・港湾、宇宙航空研究開発機構（JAXA）、学術機関などを根こそぎ軍事動員する方針を示しました。「GDP比2％」の大軍拡を実行するために、「歳出削減」や政府資産の売却、さらに所得税を含む増税に踏み切るなど、国家資源を総動員しようとしています。「情報戦」に勝利するとして、SNS情報の収集など国民監視網の強化も盛り込まれています。すでに、防衛省が「反戦デモ」を敵視し、監視していた事実も明らかになっています。

弾薬など殺傷兵器を米国やその同盟国に提供することなどを念頭に、武器輸出

安保3文書改定をめぐる経緯

21・4	日米首脳共同声明に日本が「自らの防衛力を強化」すると明記
21・10	自民党が総選挙公約に軍事費の「GDP比2％」を明記
21・12	岸田首相が臨時国会の所信表明演説で、敵基地攻撃能力保有の検討を表明
22・1	日米2プラス2で、日本側が敵基地攻撃能力保有の検討を表明
22・2	ロシアがウクライナ侵略に着手
22・4	自民党が政府に「反撃能力」保有を提言
22・6	岸田首相がNATO首脳会議に出席。「5年以内の防衛力の抜本的強化、その裏付けとなる防衛費の相当な増額」を表明
22・8	中国が台湾近海と日本の排他的経済水域に弾道ミサイル発射
22・11	政府有識者会議が敵基地攻撃能力の保有は「不可欠」、軍事費増額で増税を提言
22・12	安保3文書を改定
（年明け）	
23・1	岸田首相が訪米、日米2プラス2開催

原則である「防衛装備移転三原則」とその運用指針も改定しました（23年12月）。また、「経済安全保障」と称して、半導体や人工知能（ＡＩ）に公金を大量投入。その狙いは、軍事につながる最先端分野を育成し、中国に対抗することにあります。

戦前、日本は「鬼畜米英」打倒のためとして、国家総動員体制を敷きました。いま進行しているのは、日米同盟下の総動員体制です。

首相は安保3文書の改定と大軍拡という〝成果〟をバイデン大統領に報告するために、翌月の23年1月に訪米。同月に日米2プラス2（安保協議委員会）も開かれ、敵基地攻撃能力の「効果的な運用」が確認されました。異常な対米従属政治というほかありません。

軍事突出　平和への展望なし

ウクライナ口実に

安保3文書は、同盟強化の口実として、ウクライナ情勢を最大限に利用し、国民の不安をあおっています。

国家防衛戦略は、ロシアによるウクライナ侵略の「軍事的背景」として、「ウクライナのロシアに対する防衛力が十分ではなく、ロシアによる侵略を思いとどまらせ、抑止できなかったことにある」と指摘。「どの国も一国では自国の安全を守ることはできない」として、「共同して侵攻に対処する意思と能力を持つ同盟国との協力」の重要性を強調しています。

しかし、ロシアのプーチン大統領が侵略を強行した最大の口実がＮＡＴＯの東方拡大であり、「本来はロシアの一部」であるウクライナのＮＡＴＯ加盟を阻止することでした。プーチン氏の主権無視の世界観は許されませんが、逆に言えば、軍事同盟の拡大がロシアを「抑止」できなかったばかりか、暴走を助長したといえます。

さらに**国家安全保障戦略**は、ロシアのウクライナ侵略のような事態が「東アジアにおいて発生する可能性は排除されない」として、軍事力強化・同盟強化の最大の口実にしています。

外交の議論がない

これに関して、柳沢協二元内閣官房副長官補は、「政府がやっているのは戦争に備えることだけだ。戦争回避のための外交をどうすべきか。その議論が全くない」と批判。実際、**国家安全保障戦略**は、外交の重要性に言及してはいますが、「危機を未然に防ぐ」ための外交としてあげているのが、「日米同盟の強化」「同盟国・同志国との連携強化」です。事実上の中国包囲網であり、こうした軍事ブロック的対応では平和は構築できず、「軍事対軍事」の悪循環から抜け出すことはできません。

柳沢氏は「『同盟強化』に伴う副作用（痛み）を知らせ、『戦争回避』のための外交という選択肢が示されれば、敵基地攻撃能力の保有も防衛費増額も仕方がない、と思っている国民世論も大きく変わるのではないか。この閣議決定で終わりではなく、議論の始まりにしなければならない」と述べています。

南西諸島の戦場化想定

自衛隊増強　民間も動員

安保3文書には、沖縄など南西諸島の戦場化を想定した一大軍事力増強計画も盛り込まれました。

防衛力整備計画では、那覇市に司令部を置く陸上自衛隊第15旅団をより大規模な「師団」に改編することや、うるま市の勝連分屯地に敵基地攻撃兵器である12式地対艦誘導弾（能力向上型）を装備した地対艦ミサイル部隊を保持することも狙っています。宮古島、石垣島への地対艦ミサイル部隊配備も進めます。

さらに、▽南西地域への補給処支処▽南西地域への機動展開能力を向上させるための海上輸送部隊——の新編も示しています。

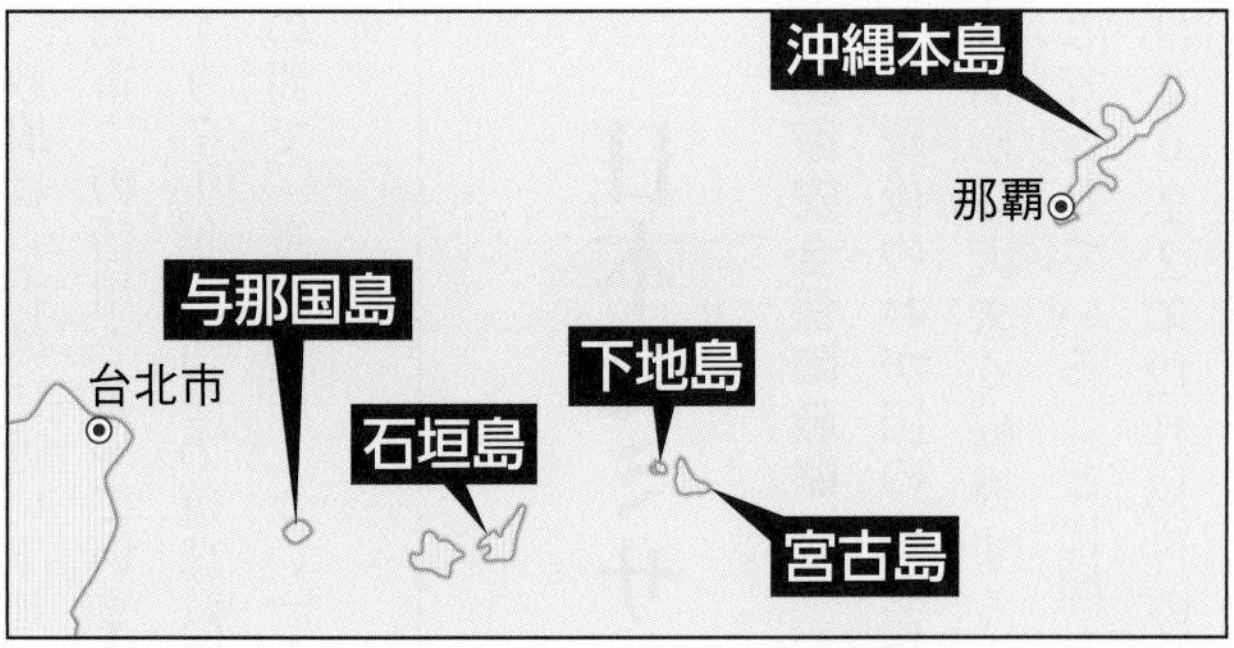

日米共同統合演習「キーン・ソード23」で、住民らによる抗議の中、民間の与那国空港の敷地から公道に出る陸自機動戦闘車＝22年11月17日、沖縄県与那国町

自衛隊増強の一方、米軍基地強化も打ち出しました。3文書は、名護市辺野古の新基地建設を繰り返し強調。日米一体化のため「日頃から、双方の施設等の共同使用の増加、訓練等を通じた日米の部隊の双方の施設等への展開等を進める」（**国家安全保障戦略**）としており、基地の日米共同使用を打ち出しました。先島諸島の自衛隊基地への米軍の展開が狙われています。

また**国家防衛戦略**は、▽自衛隊の機動展開のための民間船舶・民間航空機の利用拡大▽「継戦能力」向上のための十分な弾薬・誘導弾の早期保有▽火薬庫の増設——もうたっており、宮古島ではすでに民間地の近くに巨大な弾薬庫が設置されています。これらは、沖縄を中心とした南西諸島を戦場とみなし、戦力の集中を図るためのものです。

国家防衛戦略は「特に島嶼《とうしょ》部が集中する南西地域における空港・港湾施設等の利用可能範囲の拡大や補給能力の向上を実施していく」と明記。民間空港・港湾などの軍事利用を打ち出しました。

政府は、台湾に近い下地島空港（宮古島市）の活用を狙っています。同空港は１９７１年、当時の琉球政府と日本政府の間で「軍事利用しない」との覚書がかわされています。

政府は空港・港湾の軍事利用について、「住民保護のため」としています。しかし、78年前の沖縄戦が残したのは「軍隊は住民を守らない」という教訓です。南西諸島での軍事体制の増強を許さず二度と戦争を起こさないことこそ重要です。

日本発ミサイル戦争も

国家安全保障戦略が、今回の3文書を「戦後のわが国の安全保障政策を実践面から大きく転換するものである」と宣言していることに関して岸田首相は２０２２年12月16日の記者会見で、「平和安全法制によって、法的・理論的には整った。今回の3文書で、実践面からも安全保障体制を強化する」と述べています。集団的自衛権の行使を可能とした15年の安保法制を実践面で強化し、「戦争国家づくり」の総仕上げを図る考えです。

敵基地攻撃能力行使に踏み込む

最大の「転換」は、歴代政権が違憲としてきた敵基地攻撃能力（反撃能力）の行使に踏み込んだことです。敵基地攻撃能力とは何か。**国家安全保障戦略**は、「自衛の措置」として、「相手の領域で有効な反撃を加えるスタンド・オフ防衛能力」だと定義し、他国領域を攻撃する能力だとしています。**防衛力整備計画**では、具体的な「スタンド・オフ防衛能力」配備計画（**表**＝13ページ）を示しています。12《ひとふた》式地対艦誘導弾の能力向上型（射程を１０００キロ以上に延伸）を地上、艦艇、航空機に配備。地上・艦艇発射型は27年度までの運用能力獲得を目指しています。運用部隊は当面、全国に11個中隊を配備する計画です。

さらに、高速滑空弾や極超音速誘導弾といった高性能ミサイルの開発を進めます。

ただ、これらは開発中であるため、先行して米国製の長距離巡航ミサイル・トマホーク（射程１６００キロ）４００発を購入。F35、F15戦闘機から発射するミサイル（ＪＳＭ、ＪＡＳＳＭ）も購入します。

ミサイルを格納する火薬庫や発射試験場を建設。発射地点を秘匿し、効果的な攻撃を行うため、スタンド・オフ・ミサイル発射可能な潜水艦まで導入しようとしています。

「攻撃着手」定義、首相説明できず

これまで日本政府は、自国領域に攻撃が発生した場合にのみ、これを排除する

「スタンド・オフ・ミサイル」関連の主な計画

【国産】
○12式地対艦誘導弾（能力向上型）の量産
○高速滑空弾の開発・量産
○高速滑空弾（能力開発型）の開発・量産
○極超音速誘導弾の開発

陸上自衛隊の12式地対艦誘導弾の発射台

【輸入】
○JSM（F35A戦闘機に搭載）の取得
○JASSM（F15戦闘機に搭載）の取得
○トマホーク（イージス艦に搭載）

潜水艦から発射されるトマホーク（レイセオン社ウェブサイトから）

【その他】
○火薬庫の整備
○試験場の新設
○F15戦闘機の改修
○ミサイル発射型潜水艦の導入

敵基地攻撃能力のポイント

●**理由**　ミサイル防衛だけでは他国のミサイル脅威に対抗できない
●**定義**　相手領域で有効な反撃を加えるスタンド・オフ防衛能力
●**要件**　安保法制の新「武力行使の3要件」に基づく＝日本が攻撃を受けていなくても、集団的自衛権の行使で攻撃可能
●**対象**　「相手の領域」＝具体的な目標は明記せず。指揮統制機能も含む（＝与党合意）
●**着手**　日本が武力攻撃を受けていなくても、相手国が「着手」すれば攻撃。「着手」したかどうかは総合的に判断（＝与党合意）

ために武力行使する「専守防衛」を基本原則としてきました。この「専守防衛」を大きく踏み越え、まさに日本は周辺国に「ミサイル戦争」を仕掛けようとしています。

　しかし、攻撃を仕掛ける「相手の領域」が具体的にどこを指すのか示されておらず、事実上、全域が攻撃対象になります。自民党は相手国の「指揮統制機能」も含まれると解釈。そこには政府機関や軍司令部も当然含まれることになり、全面戦争につながる危険があります。

　さらに、政府は実際に攻撃を受けていなくても、相手国が「着手」すれば攻撃可能という立場です。

　ただ、何をもって「着手」と判断するのか。首相は前出の会見で「着手」の定義を問われ、「いろいろな学説があり難しい問題だ」として説明できませんでした。

　相手国から見れば日本が国際法違反の先制攻撃を仕掛けたとみなされます。「反撃能力」は「国民の命と暮らしを守るため」に保有するとしていますが、逆に相手国の報復攻撃を引き起こし、国土の戦場化をもたらします。

日米一体で敵基地攻撃

フィリピン海で共同訓練を行う米原子力空母カールビンソン（手前）と海上自衛隊イージス艦「きりしま」（後方先頭）など＝21年9月（米インド太平洋軍ウェブサイトから）

「わが国への武力攻撃が行われた場合」「武力行使の3要件に基づき」「そのような攻撃を防ぐのにやむを得ない必要最小限度の自衛の措置」。**国家安全保障戦略**は敵基地攻撃（反撃能力）をこう定義し、「自衛の措置」だとして正当化しています。

しかし、重大な点は、「武力行使の3要件」には、第2次安倍政権が強行した安保法制の下、「わが国への武力攻撃が行われた場合」ではなくても、米軍の要請に基づいて集団的自衛権を行使する「存立危機事態」が含まれていることです。米軍とともに、あるいは米軍の肩代わりをして、他国を攻撃するということです。

岸田文雄首相自身、先に述べたように「安保法制を実践面で強化する」と述べています。集団的自衛権を行使する態勢を強化するために敵基地攻撃能力を保有することこそ、核心部分です。

「国民の命と暮らし」を守ることとは無縁であるばかりか、米国の戦争への参戦国となり、日本が報復攻撃を受け、多くの市民の生命・財産が失われる危険があるのです。

戦略擦り合わせ、協力を統合的に

「日米両国がそれぞれの戦略を擦り合わせ、防衛協力を統合的に進めていく」「戦略を整合させ、共に目標を優先付けることにより、同盟を絶えず現代化し、共同の能力を強化する」。**国家防衛戦略**は、戦略面での日米一体化を強調しています。実は、この点が安保3文書改定の最大の目標といっても過言ではありません。

敵基地攻撃能力についても、「日米が協力して対処していく」（**国家安全保障戦略**）、「情報収集を含め、日米共同でその（敵基地攻撃）能力をより効果的に発揮する協力態勢を構築する」（**国家防衛戦略**）などとして、米国の統制下で行われる可能性を示しています。

攻撃される前に破壊する「作戦」

敵基地攻撃がより深く米戦略に組み込まれる危険があるのが、敵基地攻撃と防空・ミサイル防衛を一体化させた「統合防空ミサイル防衛」（ＩＡＭＤ）（**25ページから詳述**）の導入です。ＩＡＭＤは米国が中国・ロシアの高性能ミサイルに対抗していくため、同盟国を動員して地球規模で構築する「防空」網ですが、米統合参謀本部のドクトリン（教義）は、敵国の「ミサイル発射拠点、空港、指揮統制機能」などを、相手から攻撃を受ける前に破壊する「攻勢作戦」を行うことが含まれるとしています。日本も、そうした敵基地攻撃の一翼を担う危険もあります。

米軍と自衛隊は毎年、ミサイル防衛に関する共同訓練を行っていますが、今後、こうした訓練がどう変容していくのか注視する必要があります。

暮らし壊す大軍拡の道

安保3文書が打ち出した敵基地攻撃能力保有などのための大軍拡。その財源として増税路線を打ち出したことで批判が高まっています。

軍事費5年間で1・5倍超の43兆円

防衛力整備計画は、軍事費を、２０２３年度から27年度までの5年間で、現行5年間の計画から1・5倍超となる43兆円に増額。※ 不足分を補うための財源として、▽増税▽決算剰余金の活用▽防衛力強化資金▽歳出改革――を明記しました。

3文書と同日に決定された与党税制大綱は増税について、27年度までに①所得税②法人税③たばこ税の増税で1兆円強の財源を確保すると明記しました。

東日本大震災の復興費に充てている復興特別所得税の税率を現行の2・1%から1%引き下げる一方、所得税には税率1%を上乗せする付加税を課します。これはまさに「軍拡増税」と言えるものです。しかも課税期間は期限を示さず延長されます。たばこ税は1本あたり3円相当の引き上げを段階的に実施します。

決算剰余金はこれまで補正予算の財源に使われていました。これを軍事費に回せば、補正予算の財源が不足し、増税につながりかねません。「防衛力強化資金」には、医療関係の積立金やコロナ対策費の未使用分を充てるなど、医療、暮らしの予算の流用が狙われています。

「歳出改革」については、社会保障や文教費などの削減の加速が懸念されます。

戦前の反省反故、財源に国債使う

さらに、政府は、財源の不足をまかな

「５年間で約43兆円」軍拡財源

本予算	現在の軍事費（防衛省予算）の５年分 →年５兆円超、過去最大規模の水準を維持
不足分	①歳出改革　→社会保障、文教費などの削減も ②決算剰余金　→補正予算の財源に充当 これがなくなれば増税につながる ③防衛力強化資金　→コロナ対策積立金などを充当 一度だけの収入、継続性がない ④増税　・法人税 ・所得税　→消費税を含む大増税も ・たばこ税 （その他）建設国債など→戦時国債乱発の戦前の反省を無視
	米軍再編経費、SACO経費は「43兆円」の別枠！

うため、「軍事費の財源として公債を発行することはしない」（１９６６年の福田赳夫蔵相の答弁）としてきた政府見解を反故《ほご》にして、自衛隊の施設建設のため建設国債約１・６兆円の発行にも踏み切ります。巨額の国債発行が侵略戦争の拡大につながった戦前・戦中の歴史の反省を踏まえ、国債の発行に厳しい規制が設けられている財政法を踏みにじるものです。

増税以外の財源は、いずれも一時的な財源にしかなりません。増税については1兆円超でとどまる保証はなく、消費税増税の危険性もあります。国債の増発は将来に負担を先送りするものです。

さらに、沖縄県名護市辺野古の米軍新基地建設などに使われている在日米軍再編経費やＳＡＣＯ（沖縄に関する日米特別行動委員会）経費などは「43兆円」の別枠であり、実際にはさらに巨額の負担となります。

２０２２年5月にＮＡＴＯ（北大西洋条約機構）への加盟を申請し、28年までに国防費を対ＧＤＰ（国内総生産）比２％に引き上げると表明しているスウェーデンでは、財源について増税か社会保障などの削減が議論されています。財務省は増税、社会保障削減を狙っており、日本もこの道をたどらざるを得ません。

23年12月に決定された24年度与党税制大綱は、世論の反発が強い軍拡増税の実施時期について、明記しませんでした。自民党は、実際の実施時期は26年度以降になるとの見方を示しています。

※3文書を受け、岸田政権はすでに異次元の大軍拡に着手しています。23年度予算は、前年度比1・4兆円増の約6・8兆円、さらに24年度予算案では、約8兆円を計上。軍事費は第2次安倍政権発足以降、10年連続で過去最大を更新しています。

軍事研究に民間「活用」

「防衛力のみならず、外交力・経済力を含む総合的な国力を活用し、我が国の防衛に当たる」。**国家安全保障戦略**はこう述べ、国力のあらゆる要素を「防衛」にあてる考えを示しました。戦前の国家総動員体制による侵略戦争の反省を踏みにじる新たな「国家総動員」宣言といえます。

「官民の高い技術力を幅広くかつ積極的に安全保障に活用」。**国家安全保障戦略**はこう明記し、科学技術の軍事動員を掲げました。その狙いは、最新兵器の開発にあります。

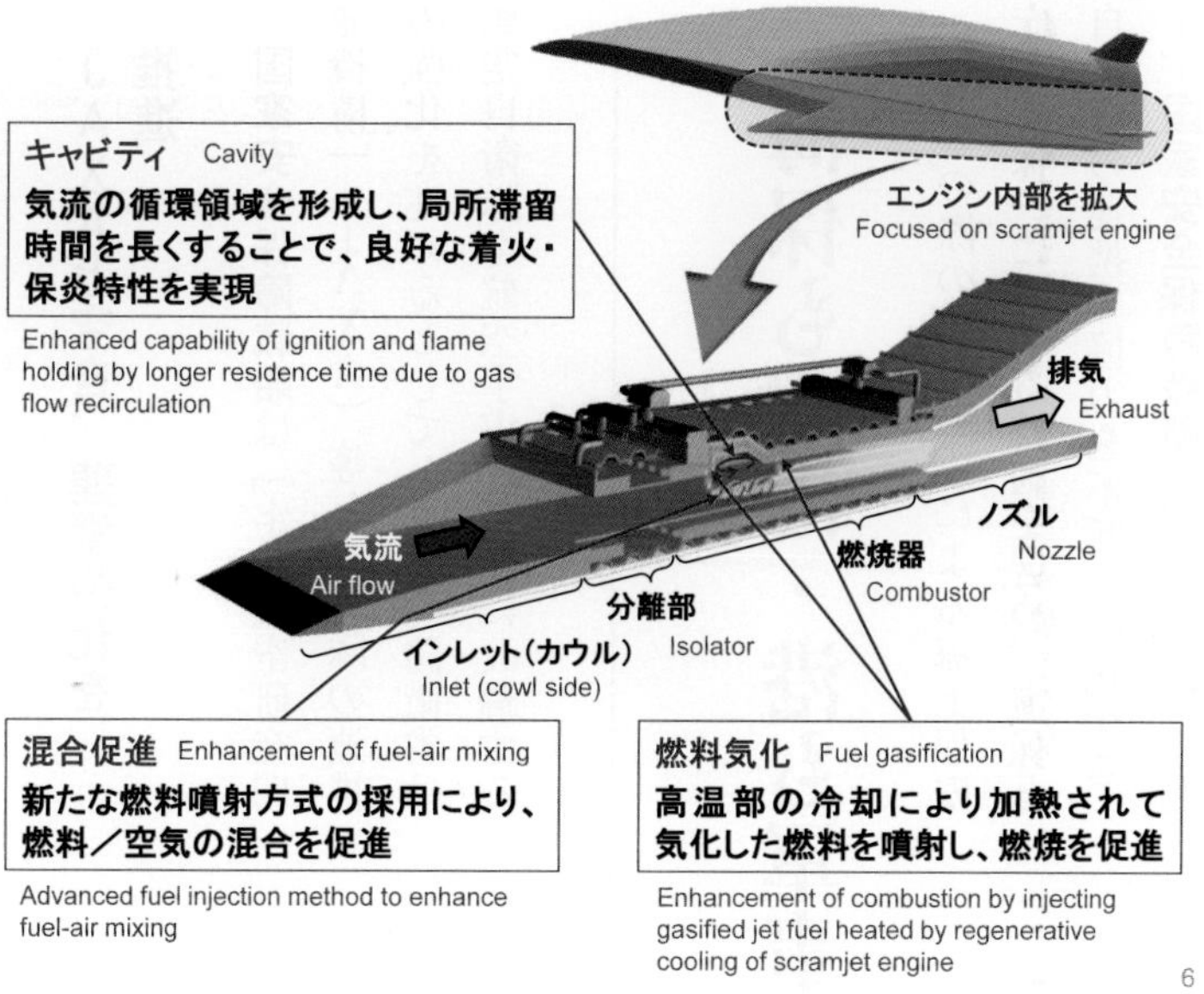
エンジン内部を拡大
Focused on scramjet engine
キャビティ Cavity
気流の循環領域を形成し、局所滞留時間を長くすることで、良好な着火・保炎特性を実現
Enhanced capability of ignition and flame holding by longer residence time due to gas flow recirculation
排気
Exhaust
気流
Air flow
ノズル
Nozzle
燃焼器
Combustor
分離部
Isolator
インレット(カウル)
Inlet (cowl side)
混合促進 Enhancement of fuel-air mixing
新たな燃料噴射方式の採用により、燃料／空気の混合を促進
Advanced fuel injection method to enhance fuel-air mixing
燃料気化 Fuel gasification
高温部の冷却により加熱されて気化した燃料を噴射し、燃焼を促進
Enhancement of combustion by injecting gasified jet fuel heated by regenerative cooling of scramjet engine
6

JAXAや東海大、岡山大が開発に参加している極超音速誘導弾（防衛装備庁資料から）

民生分野の成果、秘とくの危険も

具体的には「経済安全保障重要技術育成プログラム」に言及。同プログラムは安全保障分野に企業や大学などを組み込むことを目的とした経済安保法にもとづくもので、国の予算から拠出される計5000億円の基金を使って大学・研究機関や企業などに研究開発を委託します。

同プログラムの第1回の研究課題公募には、無人機技術や海洋・宇宙関連技術などが挙がっており、ミサイル防衛の装置として使用することを想定した研究テーマもあります。

より重大なことに、「アカデミアを含む最先端の研究者の参画促進等に取り組む」として、研究者を軍事研究に動員することを狙っています。

防衛省はすでに、先進的な民生技術の軍事利用を目的とした「安全保障技術研究推進制度」を創設しており、大学などから公募し、助成を行っています。

安保3文書の閣議決定に先立って開かれた政府の有識者会議では、科学技術研究費のうち防衛省分が少ないとして、その比重を高めるよう求める意見が出ていました。大学や研究機関への交付金・補助金の削減が進むなか、軍事研究の比率を高めれば、多くの研究者が研究費を得るために軍事研究に動員される危険があります。

その結果、民生分野の研究成果も軍事

情報として秘とくされてしまう危険もあります。

JAXAと空自、連携強化を推進

国家安全保障戦略は「宇宙航空研究開発機構」（JAXA）等と自衛隊の連携の強化を進めるとしています。防衛省は航空自衛隊を航空宇宙自衛隊に改編する方針であり、JAXAをより深く軍事に関与させる狙いです。

すでに政府は、違憲の敵基地攻撃兵器「スタンド・オフ・ミサイル」のうち、極超音速（マッハ5以上）で飛翔《ひしょう》できる巡航ミサイル「極超音速誘導弾」の開発にJAXAを動員。極超音速技術の研究には、岡山大・東海大も参加しています。

政府は1969年の衆院決議に基づき、宇宙政策を非軍事分野に限定していましたが、2008年に成立した宇宙基本法は、宇宙開発利用を「我が国の安全保障に資するよう行われなければならない」と百八十度転換。12年にはJAXA法が改悪されて「安全保障」の研究開発が追加され、宇宙の軍事利用を加速しています。

海保も空港・港も軍事下

「有事の際の防衛大臣による海上保安庁（海保）に対する統制を含め、海保と自衛隊の連携・協力を不断に強化する」――**国家安全保障戦略**は、海保の軍事動員を示しています。自衛隊法80条では武力攻撃事態の際、「海上保安庁の全部、又は一部を防衛大臣の統制下に入れることができる」と規定。一方、海上保安庁法25条は「海上保安庁又はその職員が軍隊として組織され、訓練され、又は軍隊の機能を営むことを認めるものとこれを解釈してはならない」とし、海保の軍隊化を禁じています。「海保の憲法9条」と呼ばれ、海保と自衛隊の一線を画してきた同条と自衛隊法は相いれません。

このため、これまで海保を統制下に置く「統制要領」はつくられてきませんでした。しかし政府は、海上保安庁の体制強化に関する閣僚会議で、「統制要領」の策定を決定。人命救助や海上交通の安全確保を主任務とする海保の軍隊化を次々と押し進めています。

本土の部隊展開、南西諸島戦場化

さらに、**国家安全保障戦略**では、有事の際の対応能力の強化として、「自衛隊・海保のニーズ（必要）に基づいた、空港・港湾等の公共インフラの整備や機能強化」の仕組み創設に言及。空港・港湾の軍事利用を拡大する考えを示しました。※その対象として狙っているのが南西諸島です。

国家防衛戦略は「南西地域における空港・港湾等を整備・強化し、既存の空港・港湾等を運用基盤とし、平素から訓練を含めた使用」に言及。その狙いは、本土の自衛隊部隊を機動展開するためです。まさに南西諸島の戦場化を見据えた体制づくりです。またこれらの計画を「地方公共団体・住民等の協力を得つつ、推進する」と明記。港湾・空港の多くを管理する各地方自治体に「有事」の名を借りた公共設備提供の圧力がかかるのは必至です。

共同訓練を行う海上保安庁巡視船「しきね」（手前）と海上自衛隊護衛艦「てるづき」＝22年12月19日、伊豆大島東方（海上自衛隊提供）

日本共産党の赤嶺政賢議員の衆院安全保障委員会での追及（２０２２年12月８日）に浜田靖一防衛相は、空港の軍事利用の対象に下地島空港（沖縄県宮古島市）を初めて挙げました。赤嶺氏は、同空港の開港時に琉球政府（当時）と日本政府が自衛隊や米軍等が軍事目的で使用しないと確認した１９７１年の「屋良覚書」に違反すると強調。さらに離島住民の避難に不可欠な空港・港湾が自衛隊などの軍事利用で攻撃対象にされる危険を指摘しました。

民間も戦時動員、標的になる危険

安保3文書はさらに自衛隊の機動展開のための「民間船舶・民間航空機」の利用拡大にも言及。国際民間航空条約（シカゴ条約）は、民間機の保護をうたっていますが、自衛隊の部隊や装備を起動すれば、こうした保護から外れ、軍事攻撃の対象となります。また、戦時の負傷者を想定し、「南西地域から本州等の後送先病院の医療・後送態勢確立」まで盛り込むなど、医療機関を軍事利用に取り込む計画まで示しています。

※空港・港湾の軍事利用をめぐっては、急ピッチで動きが進んでいます。

２０２３年度「自衛隊統合演習」（11月10日～20日）では、北海道・東北沖や青森県の三沢沖、四国沖から侵攻する航空機などに対処する「統合防空ミサイル防衛（ＩＡＭＤ）訓練」で、攻撃を受けた自衛隊基地が使用できなくなる事態を想定し、岡山、大分両空港や、鹿児島県の徳之島、奄美両空港で戦闘機の離着陸訓練が行われました。

さらに、23年8月の関係閣僚会議で、軍事上必要が高い空港・港湾を「特定重要拠点空港・港湾」に指定し、軍事利用を前提に整備する方針を決定。同年11月時点で、全国29自治体・団体に説明を行っています。

情報戦、強まる国民監視

「偽情報の拡散等の情報戦が展開され、今後さらに洗練された形で実施される」。**国家安全保障戦略**は、軍事・非軍事の手段を組み合わせた「ハイブリッド戦」の重要性に言及し、「認知領域における情報戦への対応能力を強化する」と記述。

陸上自衛隊の公式動画の一場面。テロやサイバー攻撃とともに、市民のデモ活動が映し出されています

「認知領域」＝国民の意識を新たな「戦闘領域」に位置付けています。

ハイブリッド戦における「情報戦」は、サイバー攻撃やSNSなどを通じて流すプロパガンダ（宣伝戦略）で軍事的優位に立つ戦略です。2014年のクリミア半島侵略戦争の際、ロシアはこの戦略で国内外の批判の声を抑えたといわれています。

情報戦の具体的な措置として見過ごせないのは、防衛省の諜報《ちょうほう》（インテリジェンス）機関である情報本部の強化です。同本部は自衛隊の秘密組織だった「陸幕別班」が前身とされており、1997年度に創設。年々増員が進んでいます。

防衛力整備計画は、「各国等」の動向に関する情報の常時継続的な収集・分析を可能とするため、「人工知能（AI）」の活用に言及。「各国等」などによる情報発信の真偽を見極めるためのSNS上の情報等を自動収集する機能を整備するとしています。

「反戦デモ」敵視、陸自が資料作成

「各国等」が諜報の対象とされていますが、諜報機関は「敵国」の工作員が紛れ込んでいることを想定しており、その対象は一般市民のSNS情報にもおよび国民監視につながることは必至です。

2022年3月、陸上自衛隊が市民の「反戦デモ」敵視・報道機関監視を盛り込んだ資料や動画を作成していたことが明らかになりました。資料を暴露した日本共産党の穀田恵二衆院議員の調査によれば、作成した陸上幕僚監部の担当者は「反戦デモ」を敵視した意図について、「他国の諜報員に扇動されたデモがエスカレーション（段階的に拡大）することによって、我が国の主権が脅かされる可能性がある」と説明しています。

また、「認知領域」を戦場ととらえる以上、そこで「勝利」するために、SNSなどを活用して防衛省・自衛隊に都合のよい世論誘導が行われる危険もあ

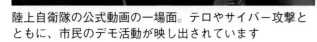

ります。

土地利用規制法、際限なく広範に

加えて国家安全保障戦略は「民間施設等によって自衛隊の施設や活動に否定的な影響が及ばないようにするための措置をとる」とし、「土地利用規制法」にも言及。同法で政府は、自衛隊・米軍基地周辺の約1キロ内にある土地や建物等の所有者・利用者を調査し、「基地機能の阻害」を理由に利用中止の勧告・罰則付きの命令ができます。基地反対行動など際限なく広範な調査・監視が及ぶ恐れがあります。

日本購入トマホーク 性能判明
他国領攻撃特化 厚壁貫通も
全イージス艦に配備

「敵基地攻撃能力」の一環として、防衛省が取得を進めている米国製の長距離巡航ミサイル・トマホーク４００発のうち２００発は最新鋭の「ブロックＶ（５）」で、対地攻撃に特化したものだと分かりました。搭載される弾頭は厚い壁を貫通し、無数の破片が飛び散って内部を破壊することが可能とされています。他国領土への攻撃に特化した兵器で、もはや「専守防衛の範囲内」との説明は成り立ちません。

米軍は２０２１年から、航法・衛星通信能力を向上させた「ブロックＶ」の配備を開始。今後、主に洋上の艦船を攻撃する「ブロックＶａ」（ＭＳＴ＝海洋打撃トマホーク）と、対地攻撃に特化した「ブロックＶｂ」に分かれます。防衛省は「しんぶん赤旗」の取材に、「取得を進めているトマホークは最新型のブロックＶで、対地攻撃用となる」と回答しました。

「ブロックＶｂ」には「ＪＭＥＷＳ」（統合複合作用弾頭システム）と呼ばれる弾頭を搭載。厚い壁を単発で貫通・破壊できるとしています。政府は敵基地攻撃の対象として、政府機関など相手国の「指揮統制機能」も挙げています。強固な防護壁で覆われた地下司令部などの破壊を可能とするものです。

さらに、ＪＭＥＷＳは着弾後に無数の破片を生成する「爆破・破砕」機能を有しています。破片が高密度で飛び散り、防護壁内部の人員を殺傷することが可能です。米軍がイラクやアフガニスタンで使用した地中貫通爆弾（バンカーバスター）と、無数の子爆弾が分散するクラスター（集束）爆弾のような能力を併せ持つ殺りく兵器です。

また、海上自衛隊のイージス艦全8隻をトマホーク配備可能にする計画も判明しました。防衛省は23年度予算にトマホーク400発の購入費用2113億円と、イージス艦にトマホークを搭載するための関連器材の取得費1104億円を計上。同省は、関連器材の取得費は「8隻分」だと明らかにしました。24年度予算案にイージス艦の改修費用を盛り込み、25年度以降、トマホーク配備を狙っています。

日本が購入を予定しているトマホーク・ブロックⅤの発射試験（20年12月、米レイセオン社の動画から）

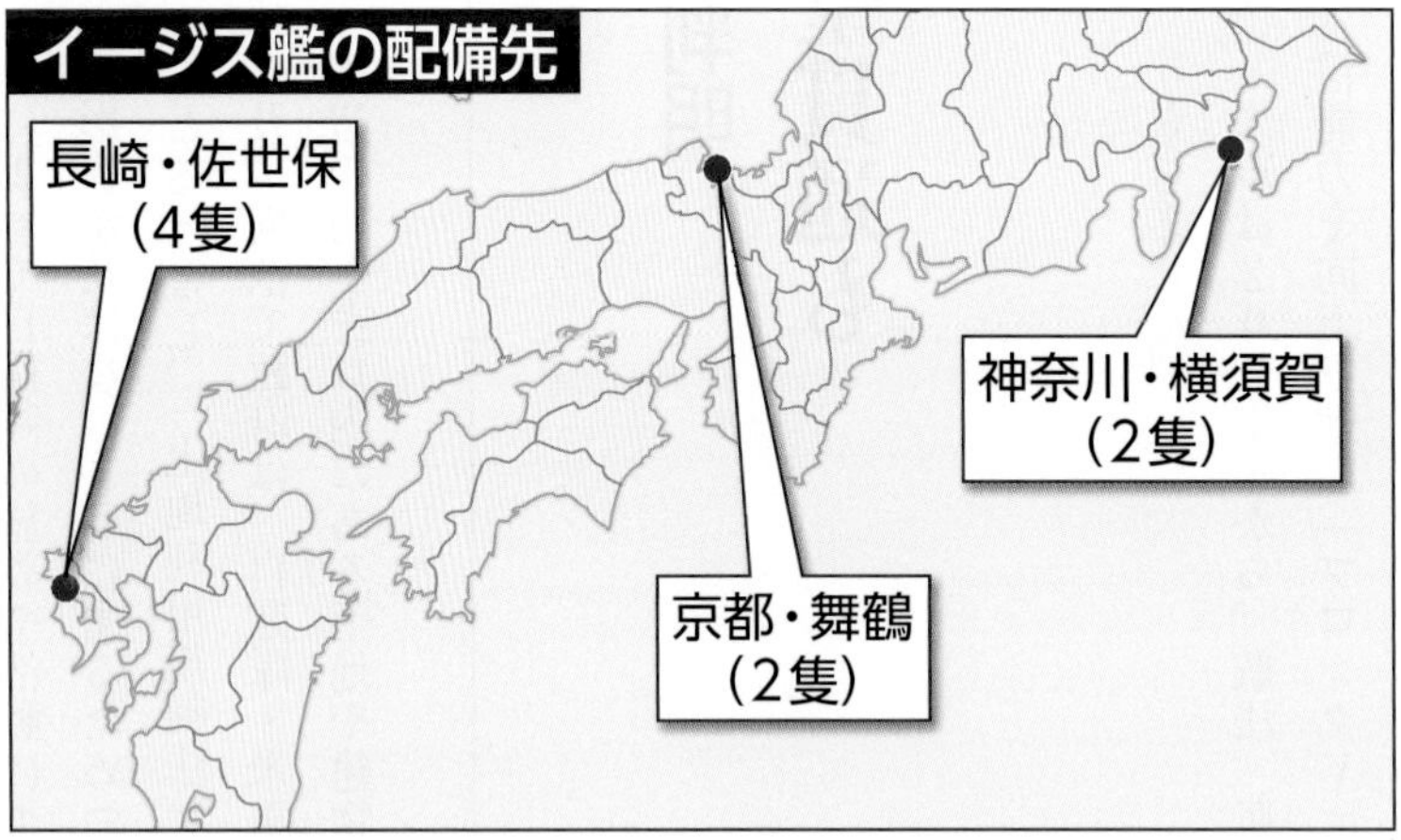

イージス艦が配備される横須賀（神奈川県）、舞鶴（京都府）、佐世保（長崎県）各基地周辺に、トマホークを保管する大型弾薬庫が建造され、有事の際の攻撃目標となる危険があります。

※米政府は23年11月17日、トマホークの日本への売却を承認し、議会に通知したと発表しました。関連器材などを含めた売却額は約23億5000万ドル（約3500億円）に上ります。日本政府は、23年度予算でトマホーク本体と関連器材の取得費として計3217億円を計上しており、今回の売却額は予算額より約280億円膨張。円安などが影響したとみられます。

承認されたのは、旧型の「ブロック4」200発と、最新型の「ブロック5」200発の計400発です。当初、日本政府は「ブロック5」400発を購入する予定でしたが、当初予定の25年度より1年早く前倒しで配備するため、「ブロック4」「ブロック5」を200発ずつ購入する計画に変更しました。

メディア幹部、大軍拡後押し

“軍事力強化で世論誘導を” 「有識者会議」議事録公開

政府は２０２３年１月24日、安保３文書改定に向けた「国力としての防衛力を総合的に考える有識者会議」の議事録を公開しました。委員に名を連ねているメディア幹部・元幹部がいずれも、歴代政権が違憲としてきた敵基地攻撃能力（反撃能力）の保有や軍事費増額のための増税を当然視し、さらなる軍事力強化・国家総動員体制を主張していたことが判明しました。

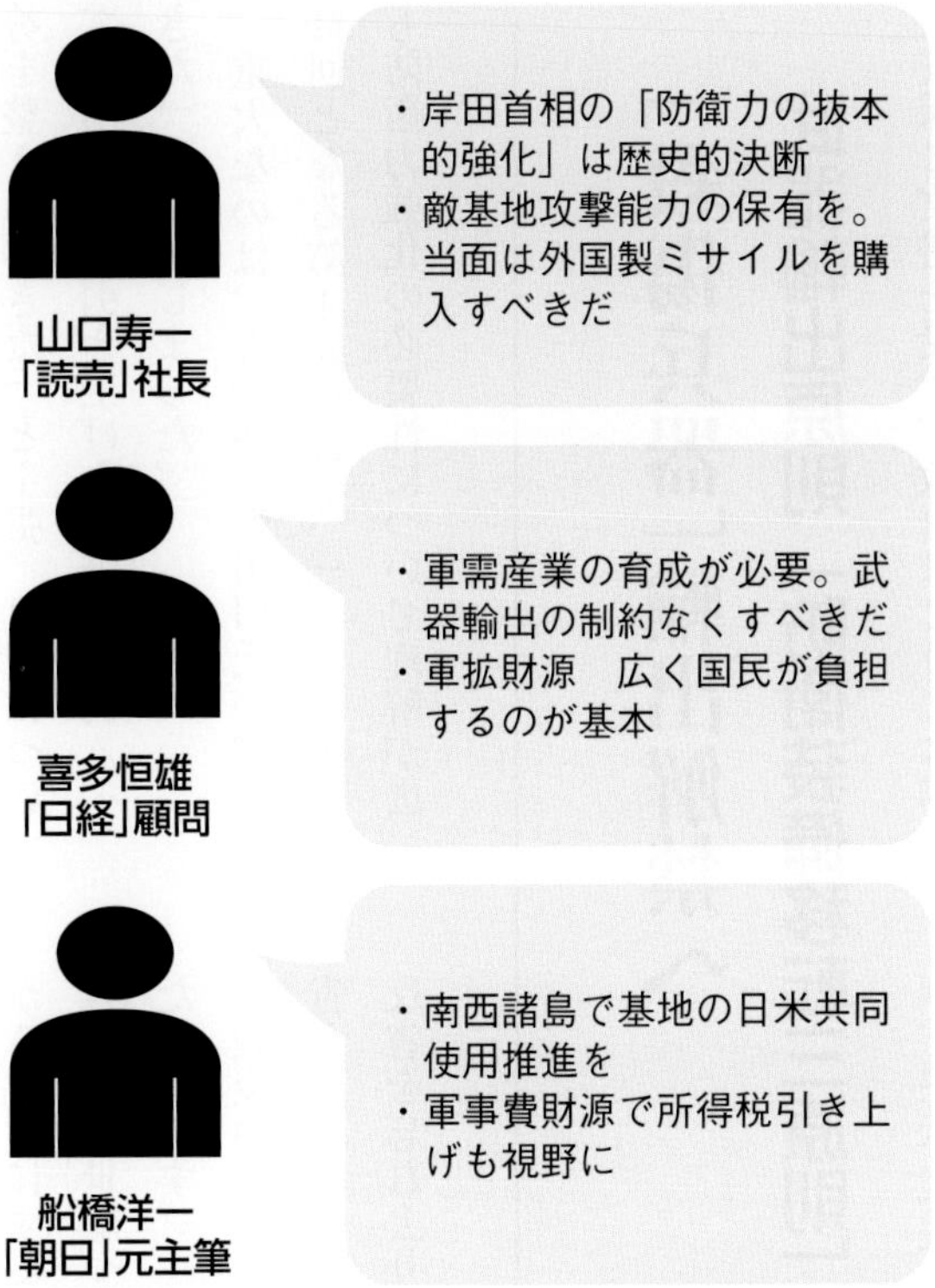
・岸田首相の「防衛力の抜本的強化」は歴史的決断
・敵基地攻撃能力の保有を。当面は外国製ミサイルを購入すべきだ
山口寿一
「読売」社長
・軍需産業の育成が必要。武器輸出の制約なくすべきだ
・軍拡財源　広く国民が負担するのが基本
喜多恒雄
「日経」顧問
・南西諸島で基地の日米共同使用推進を
・軍事費財源で所得税引き上げも視野に
船橋洋一
「朝日」元主筆

「国力としての防衛力を総合的に考える有識者会議」第4回会合。発言する岸田文雄首相（右列手前から2人目）＝22年11月21日、首相官邸ホームページから

読売新聞グループ本社の山口寿一社長は、初会合で「岸田総理は防衛力の抜本的強化という歴史的な決断をされた」と称賛。第２回会合では、敵基地攻撃能力の保有を当然視した上で、米国製の巡航ミサイル・トマホークを念頭に「当面は外国製ミサイル購入も検討対象になる」と発言しました。「外国製ミサイル」購入を主張したのは山口氏だけです。

日本経済新聞社の喜多恒雄顧問は、増税を念頭に、軍拡の財源について「国民全体で負担するのが必要だ」と強調しました。また、軍需産業の育成を主張。武器輸出の制約を取り除き、「民間企業が防衛分野に積極的に投資する環境が必要だ」と述べました。

元朝日新聞主筆の船橋洋一氏は、日米共同で敵基地攻撃能力を強化するために基地の日米共同使用を促進すべきだとし、「特に南西諸島と先島での共同使用態勢を整えるべきだ」と主張。財源について「所得税の引き上げも視野に入れるべきだ」と強調しました。

重大なのは、「読売」の山口氏が、最終回となる第4回会合で、「メディアにも防衛力強化の必要性について理解が広がるようにする責任がある」と、軍拡を容認する世論づくりをする決意を表明したことです。

戦後の新聞は侵略戦争推進の過ちの反省からスタートしました。しかし、この反省を忘れ去り、再び戦争推進の過ちを繰り返そうとしています。

「有識者会議」は22年9～11月に計4回実施され、11月22日、敵基地攻撃能力の保有や公共インフラ、科学技術など国力のあらゆる分野の軍事動員などを盛り込んだ報告書を政府に提出しました。

「殺傷兵器」輸出解禁へ

武器輸出原則「防衛装備移転三原則」を改定

安保3文書を受け、政府は2023年12月22日、「防衛装備移転三原則」と運用指針を改定し、弾薬や銃、戦闘機など、直接人を殺傷し、物を破壊する「殺傷兵器」の輸出に道を開きました。

日本政府は従来、「平和国家」としての立場から武器輸出を認めてきませんでした。1967年に、佐藤栄作首相が①共産圏諸国②国連決議による武器輸出禁止国③国際紛争当事国とその恐れのある国——について武器輸出を認めないとした「武器輸出三原則」を表明。さらに76年、三木武夫首相が政府統一見解として、「憲法の精神にのっとり武器輸出を慎む」と表明し、武器輸出を全面的に禁止しました。「平和国家」として「国際紛争等を助長することを回避するため」（統一見解）です。

ところが2014年4月、第2次安倍政権が決定した「防衛装備移転三原則」は、「憲法の精神にのっとり武器輸出を慎む」とした原則を排除し、武器輸出の推進に転換しました。それでも、「殺傷兵器」の輸出は突破できませんでした。今回の改定で、この制限を突破しようとしています。

具体的には、①日本が他国から技術を得てライセンス生産した弾薬や銃などの火器類をライセンス元国に輸出し、その国からさらに、他の国への転売を可能にする②「殺傷兵器」に該当するものであっても、部品なら輸出できる——などの内容です。さらに、英国やイタリアと共同開発する次期戦闘機を、日本から世界中に輸出を可能にするため、運用指針の再改定が狙われています。憲法の平和原則にかかわる重大な変更が、与党だけの密室協議と一片の閣議決定で進められようとしています。

敵基地攻撃能力の危険

志位委員長質問が明らかにしたもの

「専守防衛」から米国とともに先制攻撃へ――。日本共産党の志位和夫委員長は２０２３年１月31日の衆院予算委員会で、戦後の安全保障政策の大転換をもたらす「安保３文書」の核心＝「敵基地攻撃能力」保有の根本問題をただしました。そのポイントを振り返ります。

先制攻撃前提の米と融合

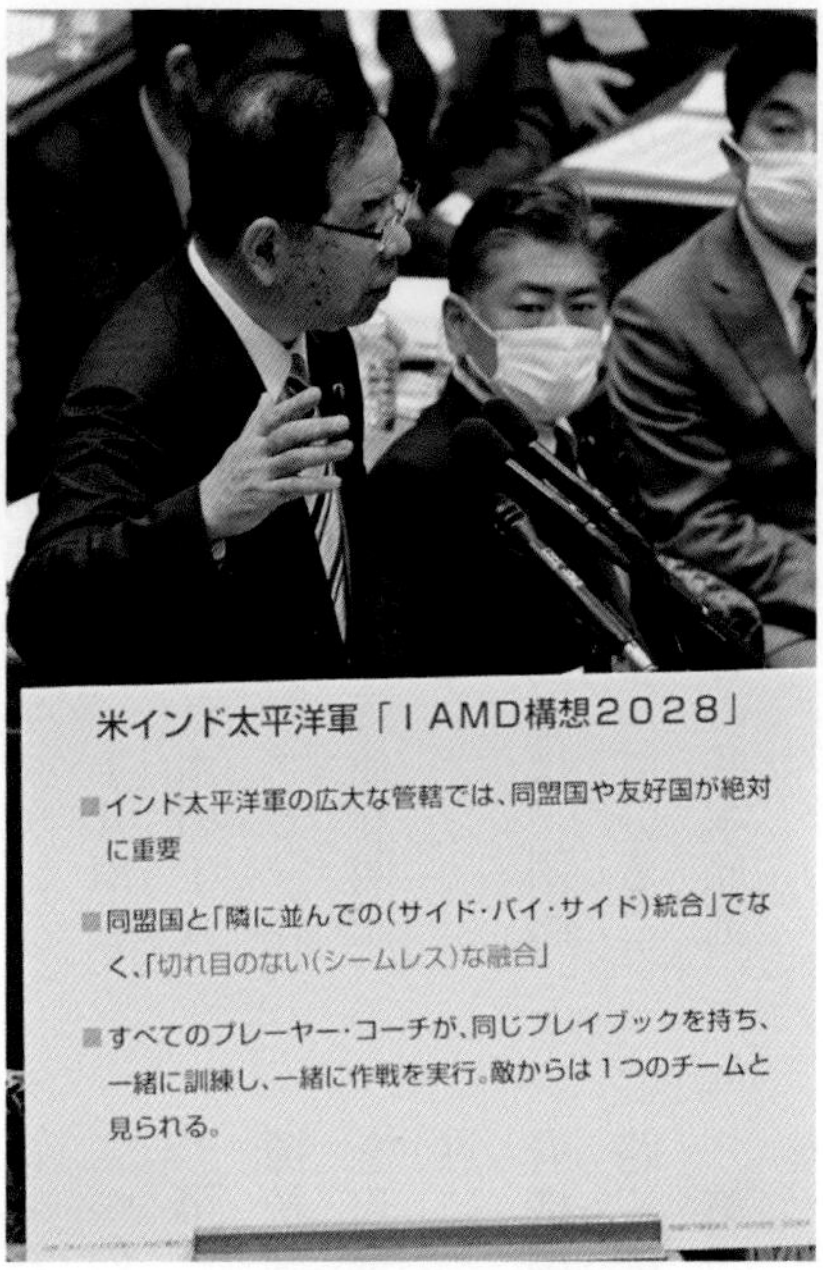

IAMDについて質問する志位和夫委員長＝23年1月31日、衆院予算委

最大の問題は、岸田政権が保有を宣言した敵基地攻撃能力（反撃能力）が、憲法違反であるだけではなく、日米が「融合」する形で運用され、米軍の先制攻撃への参加の危険があることです。

志位氏は、23年１月13日の日米共同声明や同11日の日米安全保障協議委員会（２プラス２）共同発表で、日本の「反撃能力の効果的な運用」のため、日米間の協力を深化・強化することを明記していると指摘。さらに、２プラス２共同発表は「日米同盟の抑止力・対処力」の強化の冒頭に、「統合防空ミサイル防衛」（ＩＡＭＤ）をあげているとして、その危険性を告発しました。

インフラまで攻撃対象広く

ＩＡＭＤは米軍が地球規模で空域を支配するため、「ミサイル防衛」などの防御と、相手国のミサイル基地攻撃などを一体的に駆使する「攻守一体」のシステムです。米インド太平洋軍は14年、ハワイの司令部に「太平洋ＩＡＭＤセンター」を設置するなど具体化を加速。念頭にあるのは中国との覇権争いです。

政府は今回の安保3文書で、ＩＡＭＤ導入を初めて表明しました。日本のＩＡＭＤも「防空」「ミサイル防衛」と一体で、敵基地攻撃能力の保有・行使を明記しており、米軍と同じ構造です。

米軍のＩＡＭＤの最大の問題は、国際法違反の先制攻撃が前提になっていることです。志位氏は、ＩＡＭＤの基本原則を示した米統合参謀本部のドクトリン（教義）「対航空・ミサイル脅威」（17年4月）を明らかにしました。この文書には「攻撃」部分（攻勢対航空）に関して二つの原則が示されています。

第一は、「ミサイルサイト、飛行場、指揮統制機能、インフラストラクチャー」を攻撃対象としていることです。軍事拠点にとどまらず、「指揮統制機能」＝政府機関や省庁、「インフラ」＝鉄道や道路、港湾、空港などをあげています。

第二は、「敵の飛行機やミサイルを離陸・発射の前と後の双方において破壊、または無力化する」「先制的にも対処的にもなる」などとし、先制攻撃を明示していることです。これが米軍の基本原則なのです。

米軍の原則を首相も「承知」

「米軍がこうした原則を持っていることをご存じか」。志位氏の追及に岸田文雄首相は「承知している」と述べ、先制攻撃を含んでいることを認めました。

重大なのは、米軍は先制攻撃を前提としたＩＡＭＤを強化するために、同盟国の参加を求めていることです。

ＩＡＭＤ（統合防空ミサイル防衛）切れ目なく

「統合防空ミサイル防衛」（ＩＡＭＤ）への同盟国の参加について、米統合参謀本部ドクトリン（教義）は「最大限の戦闘能力を発揮するため、米軍と同盟国の能力を統合」する方針を明記。北大西洋条約機構（ＮＡＴＯ）軍では、すでに統合司令部の下でＩＡＭＤを運用する態勢が確立しています。

岸田首相は「米国のＩＡＭＤに統合される、参加することはない。日本は独自に行う」と明確に否定しました。しかし、首相自身が、23年1月13日のバイデン米大統領との共同声明で、日本の敵基地攻撃能力（反撃能力）に関して米国との協力の強化を明記している以上、「独自に行う」ことはありえません。

一緒に訓練し一緒に作戦へ

首相の答弁に対して、志位氏は、米空軍が発行している機関誌『航空宇宙作戦レビュー』の22年夏号に掲載された、米インド太平洋軍の「ＩＡＭＤ構想２０２８」を明らかにして反論。そこでは、こう述べられています。

▽インド太平洋軍の広大な管轄で「統合防空ミサイル防衛能力」を高めることは、米国単独では不可能であり、同盟国や友好国が絶対に重要である。

▽同盟国との協力のあり方は「サイド・バイ・サイド――隣に並んでの統合」でなく、「シームレス――切れ目のない融合」が必要だ。

志位氏は、その意味を、次のように解明しました。

最新鋭の弾道ミサイル迎撃弾スタンダードミサイル・ブロック2Aを発射する海上自衛隊イージス艦「まや」＝22年11月、太平洋上（米ミサイル防衛庁ウェブサイトから）

▽従来の米国と同盟国との協力は「サイド・バイ・サイドの統合」だった。第2次世界大戦のノルマンディー上陸作戦では、それぞれの同盟国が、それぞれに上陸する海岸を担当した。イラク戦争、アフガニスタン戦争の際にも、多国籍軍は各国の責任地域に分かれてたたかった。

▽しかし、IAMDでは、すべてのプレーヤー・コーチが、同じプレーブックを持ち、一緒に訓練し、一緒に作戦を実行し、敵からは米軍と同盟国が一つのチームとして見られる。

志位氏は「これが米軍の方針だ。自衛隊だけは、独立した指揮系統に従って行動することはあり得ない」と述べ、こう迫りました。

「アメリカが、この方針に基づいて先制攻撃の戦争に乗り出した時に、自衛隊も一緒に戦争することになる。つまり、憲法違反であるだけでなく、国連憲章と国際法に違反する無法な戦争に乗り出すことになる」

能力の保有が参加する資格

首相はそれでも、参加を否定し続けます。志位氏は質疑終了後の記者会見で重ねて指摘しました。

「米軍は『シームレスな融合』が必要だと言っている。『ミサイル防衛』と敵基地攻撃を一体にやるのだから、瞬時の軍事的な対応が必要だ。おのおのバラバラにやっていたら、軍事作戦として成り立たない」

実は、政府は18年の「防衛計画の大綱」改定時、すでにIAMD導入を検討していました。しかし、当時は敵基地攻撃能力の保有まで踏み込めなかったため、断念しています。今回、岸田政権が安保3文書を強行したことで、〝晴れて〟導入を表明したのです。

志位氏は記者会見で、こう述べました。

「攻撃」「防御」を一体化した米軍「統合防空ミサイル防衛」(IAMD)の構造

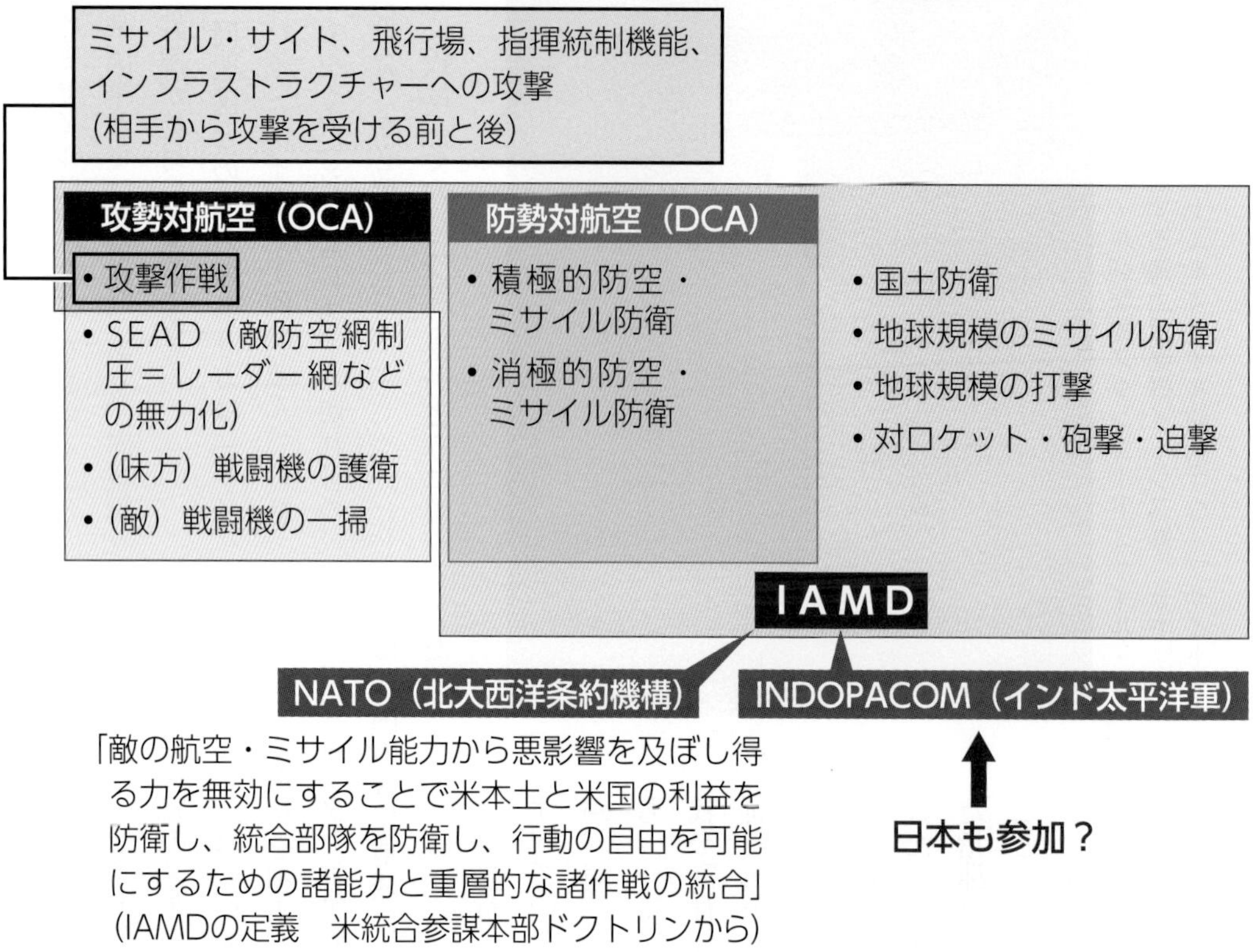

※米統合参謀本部(JCS)ドクトリンを基に作成

「米軍のIAMDに参加しようと思うと、これまでの自衛隊では参加できない。敵基地攻撃能力を持つことが『エントリー＝参加資格』となっている。敵基地攻撃能力を持って参加し、『融合』する形で軍事活動をやっていく。ここに核心がある」

「脅威でない」首相説明不能

「平和国家として、専守防衛に徹し、他国に脅威を与えるような軍事大国とはならず、非核三原則を堅持するとの基本方針は今後も変わらない」。安保3文書の最上位文書である**国家安全保障戦略**はこう述べ、敵基地攻撃能力（反撃能力）についても「専守防衛の考え方を変更するものではない」としています。本当にそうなのでしょうか。

トマホーク巡航ミサイル（米レイセオン社ウェブサイトから）

３０００キロ射程や極超音速兵器

日本共産党の志位和夫委員長は２０２３年1月31日の衆院予算委員会で、政府が狙う軍事費の2倍化＝「国内総生産（ＧＤＰ）比２％」を達成すれば、世界第3位の軍事大国になると指摘しました。

さらに、政府が米国製の長距離巡航ミサイル・トマホークや12式地対艦誘導弾の長射程化などといった大量の長射程ミサイルと、それらを発射する戦闘機、イージス艦、潜水艦の大増強を狙っていることをあげ、射程は最大で３０００キロにまで達すると指摘。「『他国に脅威を与える』ことはないと、どうして言えるのか」と追及したのに対し、岸田文雄首相はまともに答弁できませんでした。

志位氏は、敵基地攻撃兵器のなかでも重要な位置づけを与えられている「極超音速兵器」を取り上げました。同兵器は①低高度をスクラムジェットエンジンで飛行する「極超音速誘導弾」②高高度を上下動しながら滑空する「極超音速滑空弾」――の2種類あり、日本では防衛装備庁が開発を進めています。

極超音速兵器は音速の5～20倍で飛行し、軌道も自在に変えられます。現在のミサイル防衛網では迎撃不可能とされ、まさに「脅威」そのものです

志位氏は、海上自衛隊幹部学校がホームページに掲載したコラムで、中国やロシアによる極超音速兵器の開発は、日本にとって「脅威」だと述べていることを紹介。さらに、**国家安全保障戦略**も、日本の周辺国が極超音速兵器を保有していることに言及し、「質量ともに（周辺国の）ミサイル戦力が著しく増強」「わが国へのミサイル攻撃が現実の脅威に」なっているとして、極超音速兵器を含む「反撃能力」保有を正当化しています。

歓迎するのは同盟国ばかり

「中ロが持つことが『脅威』で、日本が保

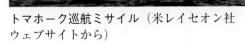

有することが『脅威』にならないとどうしていえるのか」。志位氏の追及は、まさに急所を突いたものでした。これに対する首相の答弁は、驚くべきものでした。

「わが国の防衛力強化について、いくつかの国は否定的コメントを発表しているが、私が訪問した欧州、北米やＧ７（主要7カ国）各国は歓迎している」

首相がここであげたのは米国を中心とした軍事ブロックです。その中で「歓迎」されれば、中国や北朝鮮が反発して緊張が高まろうとかまわないという、驚くべき論理です。

結局、首相は敵基地攻撃能力の保有が他国への「脅威」にならないという理由をまともに説明できなかったといえます。

抑止の本質、昔も今も恐怖

一方、首相は「抑止力・対処力を強化することは、わが国に対して不当な武力攻撃をする国々の行動を抑止・対処する上で重要だ」と述べ、敵基地攻撃能力の保有を「抑止力・対処力」であるとして正当化しました。

抑止力とは何か。志位氏は、防衛大学校が公開している論文『日本の防衛政策と抑止』を紹介し、「抑止の要件の一つは敵対国に対する威嚇《いかく》」「抑止の本質は、昔も今も恐怖である」としていることを引用。この論文はさらに、「抑止」は「日本の専守防衛の考え方と相容《い》れない面がある」と述べています。

この考えに沿えば、首相が敵基地攻撃能力の保有で「抑止力・対処力」を強めると言いながら、「専守防衛に徹する」と述べることは、成り立たないことになります。

志位氏は、「相手国に脅威を与える敵基地攻撃能力保有で『抑止力』を強めながら、『他国に脅威を与えるような軍事大国にならない』というのは、根本的に矛盾している」、「専守防衛に徹し」とうたっている安保3文書の実態は「『専守防衛』を完全に投げ捨てるものであることは明らかだ」と迫りました。

憲法解釈と専守防衛を覆す

「敵基地攻撃能力の保有は憲法違反」。これが、歴代政権が維持してきた憲法解釈です。さまざまな議論を経て、こうした見解を確立したのが、１９５９年3月19日の衆院内閣委員会での伊能繁次郎防衛庁長官の答弁です。日本共産党の志位和夫委員長は２０２３年1月31日の衆院予算委員会で同答弁を引用して、岸田文雄首相の見解をただしました。

攻撃的兵器――伊能答弁巡り

伊能答弁のポイントは、主に次の点です。

▽他に全然方法がない場合、（敵基地攻撃は）法理上、自衛の範囲に含まれて

おり、可能である。

▽しかし、このような事態は現実には起こりがたいので、平生から他国に対する攻撃的な兵器を保有することは憲法の趣旨とするところではない。

つまり、敵基地攻撃は「法理上」可能だが、そのための兵器を持つことは憲法違反——というものです。岸田政権による敵基地攻撃能力（反撃能力）の保有と、この見解は明確に矛盾しています。

「（伊能答弁で示した）憲法解釈を変更したか否か。端的にお答えいただきたい」。志位氏がただしたのに対し、岸田首相は「結論から言うと変更していない」と述べました。

ここで持ち出したのが、「他に全然方法がない」という要件の曲解です。首相は周辺国のミサイル戦力の増強などをあげ、「安全保障環境は大きく変化した。米軍の打撃力に完全に依存するのではなく、自ら守る努力が不可欠になっている」と説明し、敵基地攻撃能力の保有を正当化したのです。

しかし、この説明は成り立ちません。

1959年３月19日 伊能繁次郎防衛庁長官答弁

「誘導弾等による攻撃を防御するのに他に全然方法がないと認められる限り、誘導弾などの基地をたたくことは法理的には自衛の範囲に含まれており、また可能である」「しかしこのような事態は今日においては現実の問題として起こりがたいのであり、こういう仮定の事態を想定して、その危険があるからといって平生から他国を攻撃するような、攻撃的な脅威を与えるような兵器を持っていることは、憲法の趣旨とするところではない。かようにこの二つの観念は別個の問題で、決して矛盾するものではない」

1972年10月31日 田中角栄首相答弁

「専守防衛ないし専守防御とは、防衛上の必要からも相手の基地を攻撃することなく、もっぱらわが国土及びその周辺において防衛を行うということであり、これはわが国防衛の基本的な方針だ」

志位氏は１９９９年８月３日の野呂田芳成防衛庁長官の答弁（衆院安保委員会）を紹介。ここでは、59年の伊能答弁で述べた「他に全然方法がない」場合とは、「国連の援助もなく日米安保条約もない」場合であり、こうした事態は「現実の問題としては起こりがたいことから、他に全然手段がないという仮定の事態を想定して、平素からわが国が他国に攻撃的な脅威を与えるような兵器を保有することは適当ではないとした答弁は現在でも当てはまる」として、伊能答弁を再確認しています。

そもそも、岸田首相の説明は、米軍の打撃力の〝不足分〟を日本が補うということにすぎず、「手段」である「国連」も「日米安保体制」も存在しています。「他に全然方法がない」という説明としては成り立ちません。

専守防衛は——田中答弁巡り

敵基地攻撃能力の保有と憲法をめぐるもう一つの重要な問題は、日本の安全保障政策の根幹である「専守防衛」との関係です。

安保3文書の最上位文書である**国家安全保障戦略**は、「反撃能力」（敵基地攻撃能力）を保有するとする一方、「専守防衛に徹し、他国に脅威を与えるような軍事大国とはならない」との「基本方針は今も変わらない」と述べています。

この点に関して、志位氏は72年10月31日の衆院本会議での田中角栄首相の答弁を紹介。ここでは、「専守防衛ないし専守防御とは、防衛上の必要からも相手の基地を攻撃することなく、もっぱらわが国土及びその周辺において防衛を行う」ことだと明確に述べています。志位氏は、「『専守防衛』と敵基地攻撃は両立しないことは、この答弁でも明らかだ」と追及しました。

岸田首相はここでも、過去の政府見解の曲解に乗り出しました。

田中首相答弁のうち「相手の基地を攻撃することなく」という部分について、「武力行使の目的を持って武装した部隊を他国の領土、領海、領空へ派遣する、いわゆる海外派兵は一般的に憲法上許されないとしたことを述べたものだと認識している」と述べたのです。これはどう考えても成り立たない理屈です。志位氏は、「全く説明になっていない」と厳しく批判しました。

59年の伊能答弁、72年の田中答弁、99年の野呂田答弁――過去の政府見解との関係すらまともに説明できない岸田首相。志位氏は質疑後の記者会見で、「立憲主義の破壊だ」と批判しました。

阪田雅裕元内閣法制局長官は「『専守防衛』は、そう言いさえすれば憲法九条を守れるという魔法の言葉では決してない。いうまでもなく問われるべきなのはその中身である」（『世界』2023年2月号）と指摘しています。

岸田政権の欺瞞《ぎまん》ぶりを徹底追及することが求められます。

自衛隊「統合作戦司令部」
米軍指揮下になる恐れ　出発点は米側要求
元高官ら証言

防衛省は2024年度予算の概算要求に、陸海空自衛隊の実動部隊を一元的に指揮する「常設統合司令部」（約240人）の創設を盛り込み、「米インド太平洋軍司令部と調整する機能」のためだと初めて明記しました。その後、24年度予算案では、名称を「統合作戦司令部」としました。ハワイに拠点を置くインド太平洋軍はインド太平洋地域で全軍の指揮権を有する統合軍です。日本共産党の志位和夫委員長は23年10月25日の衆院本会議で、「インド太平洋軍の指揮のもとに、自衛隊が事実上組み込まれることを意味するのではないか」と告発しました。

岸田文雄首相は答弁で、常設統合司令部の創設は「自衛隊の統合運用の実効性を強化するため」であり、「自衛隊が米軍の指揮下に入ることはない」と否定しました。

しかし、防衛省はすでに06年3月、陸海空自衛隊を束ねる統合幕僚監部を設置。統合幕僚長が防衛大臣を一元的に補佐し、米軍との調整に当たる「統合運用」体制が確立しています。その上、なぜ屋上屋を重ねるような統合司令部が必要なのか。首相はその理由をいっさい説明していませんが、出発点は米側の要求であることが、自衛隊元高官の証言で裏付けられています。

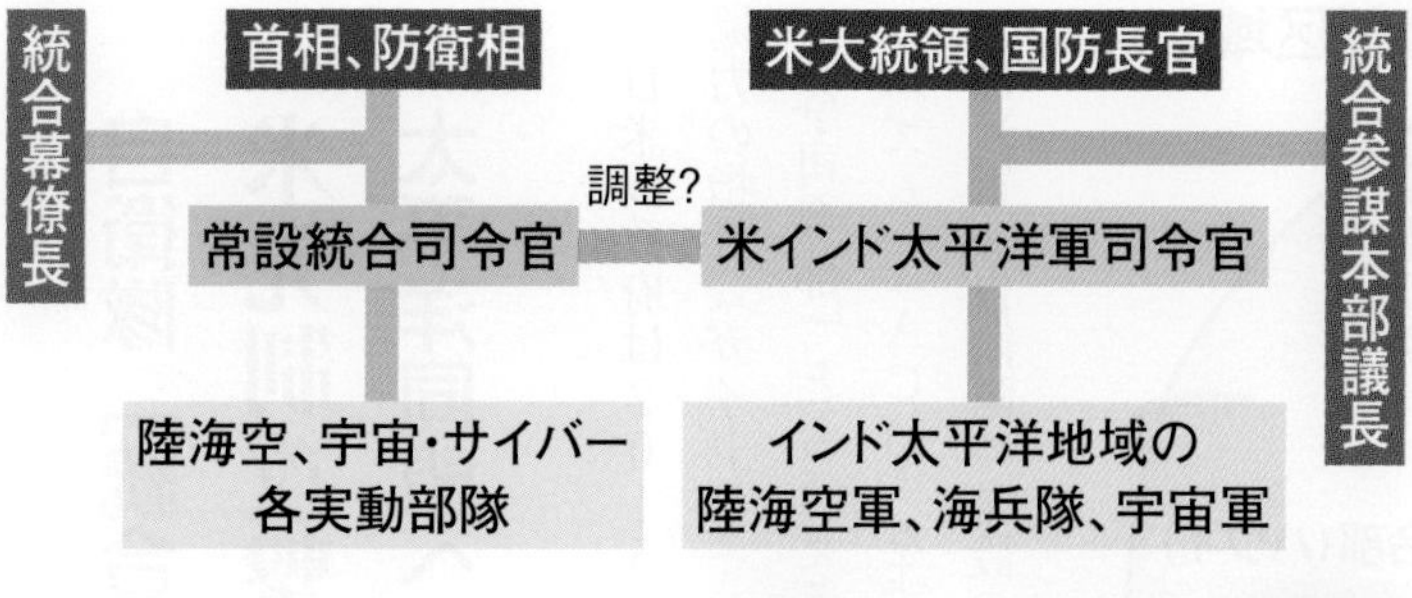

山崎幸二統合幕僚長（左）とアキリーノ・米インド太平洋軍司令官＝23年3月19日、東京・市ケ谷の防衛省内

河野克俊元統合幕僚長は18年7月、都内での講演で、米太平洋軍（現・インド太平洋軍）のハリス司令官から、「統合幕僚長は私のカウンターパートナーではない。あなたのカウンターパートナーは（ワシントンの）統合参謀本部議長だ。自衛隊にも（太平洋軍司令官のカウンターパートになる）常設統合司令官が必要ではないか」と言われ、英軍やオーストラリア軍の常設統合司令部を参考にするよう「助言」を受け、研究を開始したと明らかにしました。（『トモダチ作戦の最前線』）

また、磯部晃一元統合幕僚副長は「武力攻撃事態」などで統合幕僚長が統合参謀本部、インド太平洋軍、在日米軍の3司令官と同時に調整を行うのは不可能であり、常設統合司令部の創設は、「運用面で日米同盟の実効性を向上させる」ための「喫緊の課題」だと指摘しています（国際問題研究所『安全保障政策のボトムアップレビュー』）。米軍の運用に合わせて自衛隊の司令部機能を変えるべきだという主張です。

23年1月の日米安全保障協議委員会（2プラス2）共同発表は、日米の「統合」を繰り返し強調し、米国は常設統合司令部設置の決定を「歓迎」すると明記。「より効果的な指揮・統制関係を検討する」としています。この点一つを見ても、「自衛隊が米軍の指揮下に入ることはない」という首相の答弁は説得力を欠きます。

自衛隊「統合作戦司令部」創設
米先制攻撃に〝統合〟 太平洋同盟へと変質の危険

日米両政府は2015年の「日米軍事協力の指針（ガイドライン）」再改定で、「戦争司令部」とも言える「同盟調整メカニズム」（ACM）を設置。ACMの下に米軍・自衛隊の常設の調整機関も設けられましたが、在日米軍司令部は戦時における指揮権を有していません。常設「統合作戦司令部」を創設し、先制攻撃を含む軍事作戦の一元的な指揮権を有するインド太平洋軍との「調整」機能を強めることは、自衛隊が事実上、米軍に「統合」され、日米同盟を「太平洋同盟」に変質させる危険を高めることになります。

自衛隊はすでに、インド太平洋軍やその傘下部隊が主導する多国間訓練・演習への参加を強めており、太平洋規模の活動が常態化しています。

相手国中枢を攻撃

危険性が際立っているのが、米軍が主導している「統合防空ミサイル防衛」（IAMD）への参加です。IAMDは中国・ロシアのミサイルや航空機などのあらゆる「経空脅威」に対抗し、地球規模で米国の軍事的優位を維持するため、構築しているシステムです。

その特質は2点あります。第1は、単なる「防空」網ではなく、相手国の指揮中枢（政府機関、

米インド太平洋軍の「責任区域」

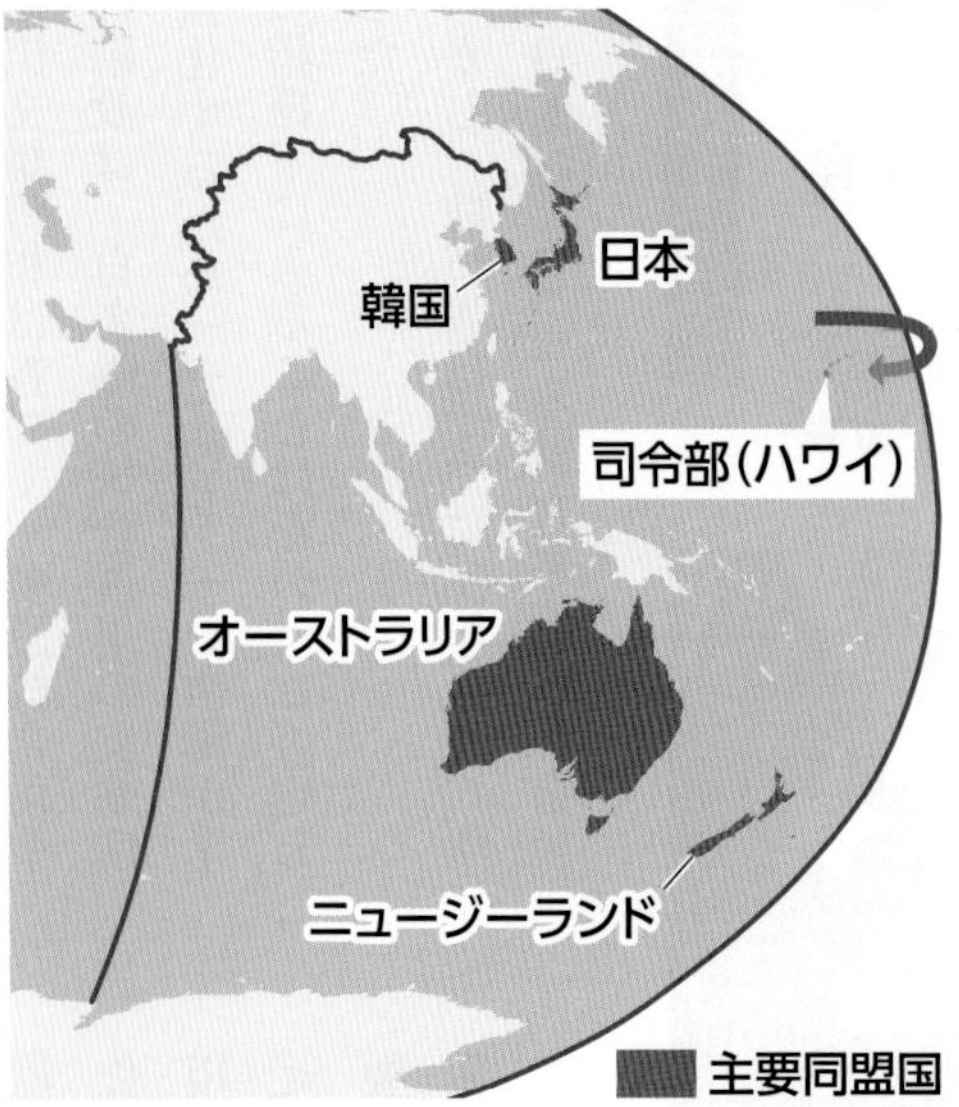

米統合軍

米軍は陸海空軍、海兵隊といった複数の軍種を1人の司令官の指揮下に置く「統合軍」を編成しています。六つの地域統合軍、四つの機能別統合軍が存在。米軍トップは統合参謀本部議長ですが、その権限は大統領への諮問、作戦計画や教義（ドクトリン）の策定などで、部隊への指揮権は有していません。インド太平洋軍は約30万人の兵力を有し、広大な太平洋から北極、南極、インドまでという地球の約半分を「責任区域」としていますが、地球上に勝手に線を引いて「責任区域」を決めるという発想は、かつて列強諸国が植民地を運営していた総督府をほうふつとさせます。

軍司令部）や飛行場、重要インフラなどへの先制攻撃を前提にしていることです。

第2は、同盟国の参加を前提にしていることです。インド太平洋軍の「ＩＡＭＤビジョン２０２８」は、最も中核的な概念は、「高度な能力を有した同盟国とのシームレス（切れ目のない）な統合」だと説明しています。

太平洋空軍主催の日米豪共同訓練「コープ・ノース23」＝23年2月22日、米領グアム（太平洋空軍ウェブサイト）

岸田政権は安保3文書で、違憲の敵基地攻撃能力＝長射程ミサイルの保有を宣言し、ＩＡＭＤの導入を明記しました。首相は、米国のＩＡＭＤへの参加を否定しますが、インド太平洋軍はすでに、日本など複数の同盟国を事実上、同軍司令官の一元的な指揮下に置く運用構想を明らかにしています。

米統合参謀本部が作成したＩＡＭＤのドクトリン（教義、17年4月21日付）は、「多国籍作戦において、（同盟国から）指揮系統への理解を得ることは決定的に重要であり、統合司令官は、そのための合意を獲得するよう要求すべきである」「最大限の戦闘力を発揮するため、米軍と同盟国の能力は統合されなければならない」などと明記しています。

防衛省元幹部から異論も

「常設統合司令部」＝「統合作戦司令部」の設置をめぐっては、防衛省元幹部から異論も出ています。真部朗・元防衛審議官は同省関係者の投稿サイト「市ヶ谷台論壇」で、インド太平洋軍との調整機能のために必要だと言う論に対して、「元々、米軍と自衛隊では組織・編制が相当に異なっており、適切なカウンターパートを見出すことは必ずしも容易でない。この論理を徹底するならば、同様の趣旨のポストの増設又は組織変更が相当数必要となる」と主張し、「不要」論を展開しています。

平和の枠組みこそ

志位氏は23年10月25日の衆院本会議での代表質問で、米国はＩＡＭＤの基本原則に先制攻撃を公然とすえており、米国の先制攻撃に自衛隊が参戦する危険性を告発するとともに、「自衛隊の『常設統合司令部』の設置と、米インド太平洋軍の一体化は、そうした危険な道の具体化そのものだ」と追及。日米同盟の「抑止力の強化」ではなく、東南アジア諸国連合（ＡＳＥＡＮ）が推進している「ＡＳＥＡＮインド太平洋構想」のような、すべての国を包摂する平和の枠組みを発展させることにこそ、平和の希望があると主張しました。

〈クローズアップ〉

これが敵基地攻撃能力

「専守防衛」どころか〝日本が脅威の存在〟に

5年間で43兆円。岸田政権は文教予算の2倍もの軍事費を費やして、大量の兵器を購入しようとしています。〝日本が攻撃を受けた際の「反撃能力」だ〟などと称していますが、とんでもありません。政府の「兵器リスト」には、日本が攻撃を受けていないのに、他国の領域まで踏み込んで攻撃する「敵基地攻撃」兵器がズラリと並んでいます。

戦後初めて「空爆」可能に

一番のカギは、長射程のミサイルです。最初に導入されるのが、米国製の長距離巡航ミサイル・トマホークなど外国製ミサイルです。トマホークは米軍が核弾頭を搭載するために開発し、2000年代以降はイラクやアフガニスタンなどの先制攻撃戦争で繰り返し使用してきました。防衛省は1回の攻撃で数十発を同時発射する構想です。こんなことをすれば、大量の民間人が巻き添えになってしまいます。

「12式地対艦誘導弾」という艦船を破壊するミサイルも、射程を1000キロ以上に延ばし、護衛艦や戦闘機への配備を計画。対地攻撃への転用も検討しています。

もう一つの問題は、これらのミサイルを搭載するイージス艦、戦闘機を大量配備し、潜水艦からも発射しようとしていることです。日本の領域内にとどまらず、相手国の近くまで移動して攻撃が可能になります。日本は戦後初めて、「空爆」が可能になります。

迎撃不可能な〝最悪の兵器〟

その先には、さらにおそろしい計画が待っています。「極超音速兵器」と呼ばれるミサイルの保有です。

トマホークの飛しょう速度は音速の4分の3程度ですが、極超音速兵器は音速の5倍（時速約6120キロ）以上。射

極超音速滑空弾（米レイセオン社）

導入するスタンド・オフ・ミサイル（長射程ミサイル）

国産（いずれも研究・開発中）	**12式地対艦誘導弾能力向上型／1000㌔以上** 地上だけでなく艦船、戦闘機（F2戦闘機）にも搭載・2026年度以降の配備目指す	
	極超音速滑空弾／2000㌔? **（島嶼防衛用高速滑空弾・能力向上型）** 高高度を上下動しながら滑空し、マッハ５以上で落下・攻撃。配備時期未定	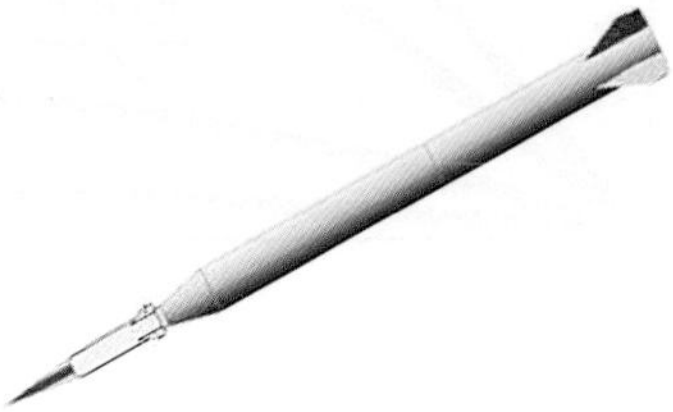
	極超音速誘導弾／3000㌔? スクラム・ジェットエンジンを搭載。低高度をマッハ５以上で飛行。誘導で軌道も自在に。配備時期は未定	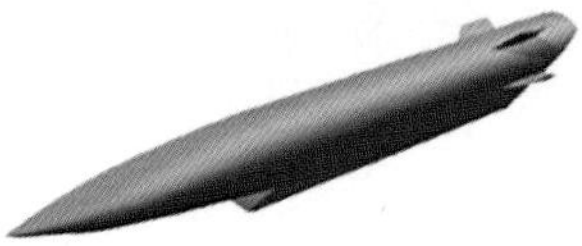
輸入	**トマホーク／1600㌔** 米国製の長距離巡航ミサイル。イラク、アフガニスタンなど米の先制攻撃戦争で使用。23年度予算案に購入費を計上	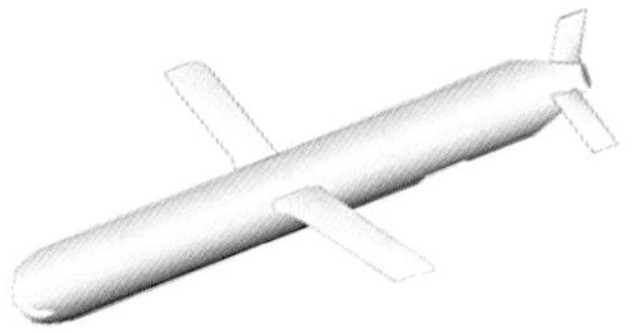
	ＪＳＭ／500㌔ ノルウェー製の空対地、空対艦ミサイル。納入され次第、Ｆ35Ａステルス戦闘機に搭載	
	ＪＡＳＳＭ／900㌔ 米国製の空対地ミサイル。Ｆ15戦闘機の改修完了後、搭載。23年度予算案に取得費を初計上	

長射程ミサイルの飛び方

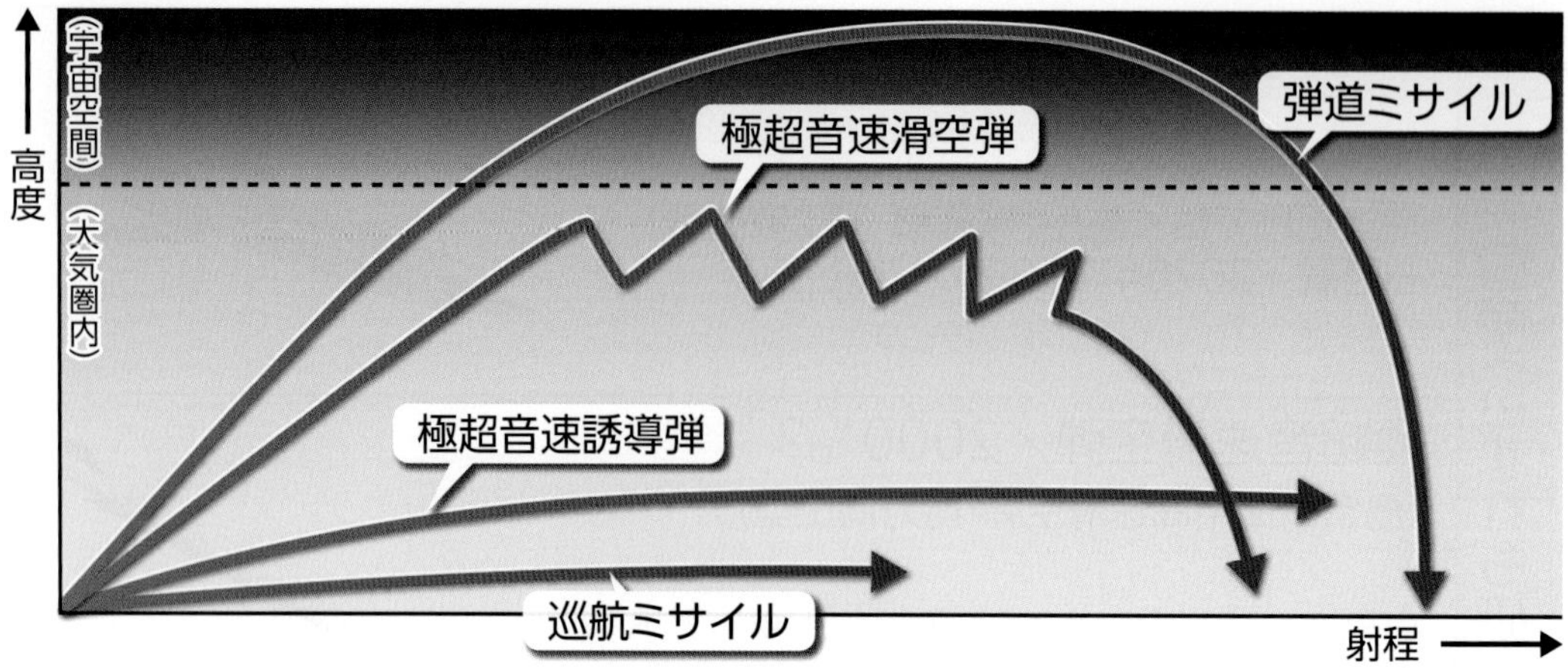

程は２０００～３０００キロに達し、軌道も自在に変えることができるため、既存のミサイル防衛網では迎撃不可能とされます。まさに最強・最悪の兵器です。

　これら一連の兵器が、「敵基地攻撃能力」（反撃能力）の正体です。どこが「専守防衛」なのでしょうか。

　極超音速兵器は中国やロシアがすでに配備し、米軍も開発を急いでいます。政府は**国家安全保障戦略**で、極超音速兵器を例示し、「既存のミサイル防衛網だけで完全に対応することが難しくなりつつある」と説明。だから「反撃能力」＝攻撃される前に相手の基地をたたく能力を持つのだとしています。

軍拡の悪循環、最後は核武装

　現代の戦争は「ミサイル戦争」の様相です。

　とりわけ、米国・ロシアの中距離核戦力（ＩＮＦ）全廃条約の失効（２０１９年８月）に伴い、北東アジアにおけるミサイル開発競争が新局面に入りました。１９８７年に米国と旧ソ連によって締結された中距離核戦力全廃条約（ＩＮＦ条約）は地上配備の中距離弾道ミサイル、巡航ミサイル（射程５００～５５００キロ）の発射実験や製造、保有を禁止するものでしたが、トランプ米政権の離脱を契機に失効。米国はこれを受け、同条約の縛りを受けず、地上配備の中距離弾道ミサイルを大量配備し、西太平洋全域を射程に収めようとしている中国に対抗するため、同盟国とともにミサイル網の強化を進めています。日本も、そこに動員されようとしているのです。

　米ソの核ミサイル競争、米国と同盟国による「ミサイル防衛」網の構築、さらに中ロがこれを突破するために極超音速兵器を配備し、日米も同じ兵器で対抗する――。日本は「盾」（防御）だけでなく「矛」（敵基地攻撃能力）で、米主導のミサイル戦争に参戦しようとしているのです。

　39ページの**図**に示したように、日本は東アジア全域を射程に収める、おそろしいミサイル開発計画を進めています。しかし、日本がこうしたミサイルの開発を

沖縄本島から発射した場合の射程

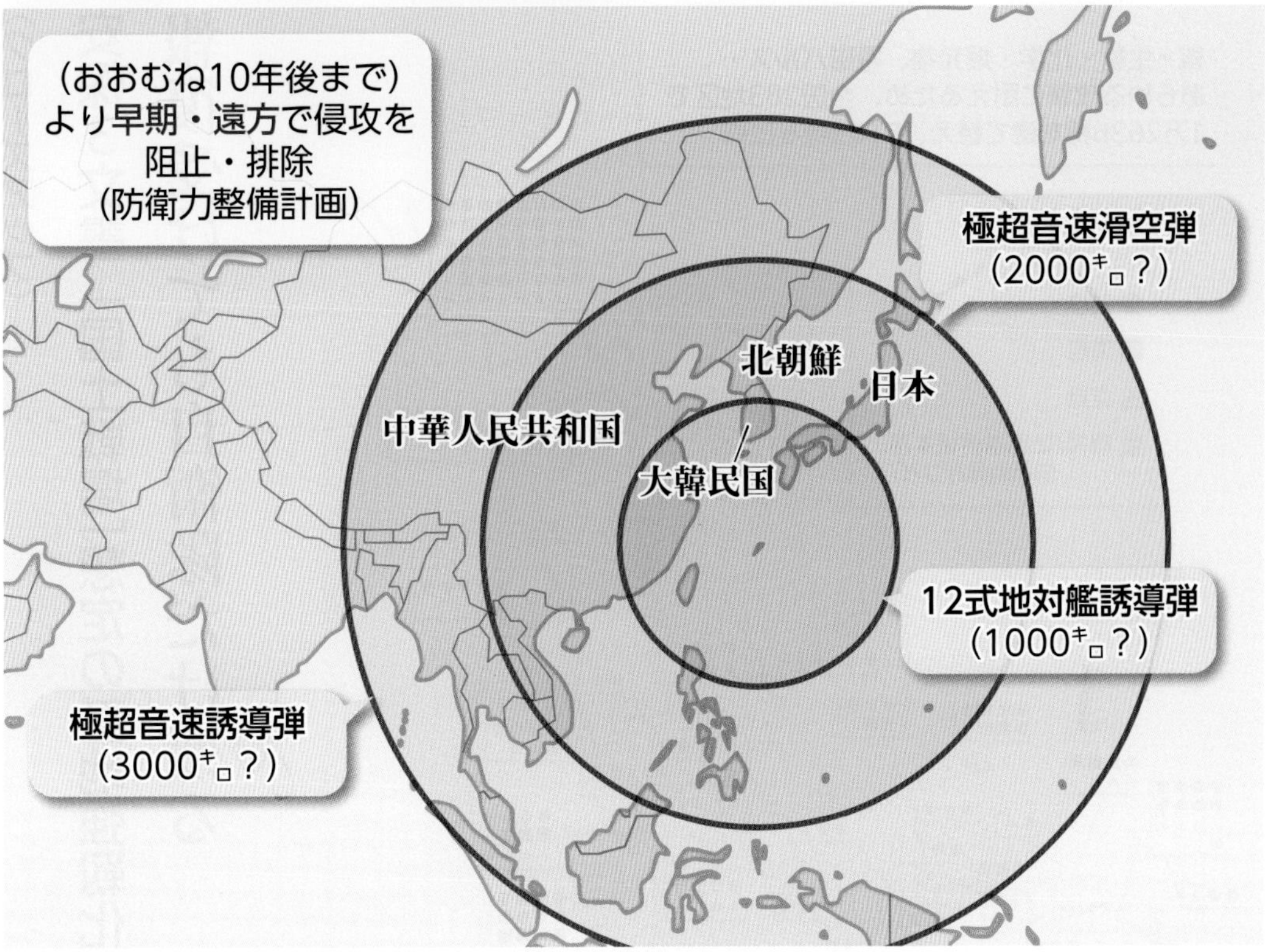

進めれば、周辺国もより高性能・長射程のミサイル開発に踏み込むでしょう。

政府は、大量の長射程ミサイル配備は、相手の攻撃を思いとどまらせる「抑止力」だとして正当化しますが、「抑止力」として機能する大前提は、相手をはるかに上回る軍事力を保持することです。現時点において、中国のミサイル網は質量ともに日本を陵《りょう》駕《が》しており、とうてい「抑止力」として機能しません。

果てしなきミサイル軍拡競争を繰り返せば、いずれは核武装論に行き着かざるをえません。こんな未来を招かないために、「岸田大軍拡」を止め、絶対に戦争を起こさないための外交努力を安全保障戦略の中心にすえることが、今を生きる私たちの責任です。

〈クローズアップ〉

安保3文書「国土戦場」想定の基地強靭化

報復受けても自衛隊だけ残る

「強靭化」対象地区（42～43ページにリスト）

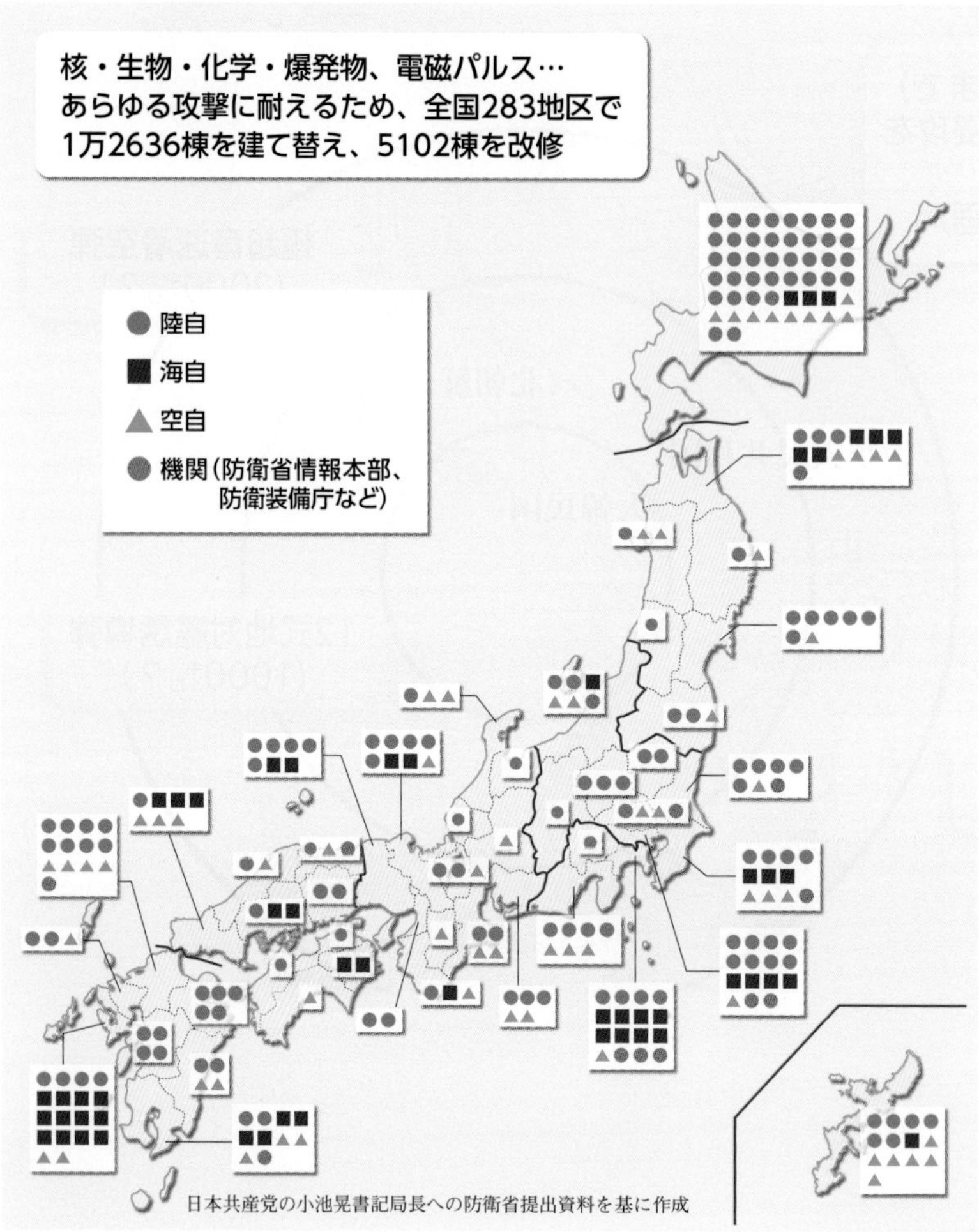

日本共産党の小池晃書記局長への防衛省提出資料を基に作成

岸田文雄首相は、安保3文書で決めた敵基地攻撃能力の保有について「日本への武力攻撃を抑止するため」と繰り返しています。ところが3文書は、「万が一、抑止が破れ、我が国への侵攻が生起した場合」（**国家防衛戦略**）に言及し、国土が戦場になる可能性を認めました。そして、「有事においても（自衛隊が）容易に作戦能力を喪失しないよう」に、「各施設の強靭《きょうじん》化を図る」としています。

「しんぶん赤旗」日曜版がスクープし、日本共産党の小池晃書記局長が2023年3月2日の参院予算委員会で明らかにした防衛省資料には、自衛隊基地・防衛省施設を、核、化学、生物、爆発物による攻撃や、高高度での核爆発に伴う電磁パルスによる攻撃に対応できるようにするため、全国283地区で司令部など主要施設の地下化や壁の強化など「強靭化」を図る計画が示されています。23年度から5年間だけで4兆円を投じ、10年以上かけて1万2636棟を建て替え、5102棟を改修します。

地下化

「地下化」はすでに進行しています。「ミサイル基地いらない宮古島住民連絡会」は17年時点で、空自宮古島分屯基地（沖縄県宮古島市）が、3層構造の地下様式になっていることを突き止めました（**写真上**）。同会が入手した資料によれば、壁は1メートル以上の厚さで、電源なども確保されているといいます。

そもそも、国土が戦場となる蓋然《がいぜん》性が最も高いのは、日本が米国とともに他国領域を先制攻撃し、報復を受ける場合です。そうした中でも、自衛隊だけは生き残り、敵基地攻撃を可能にしようというものです。「会」の清水早子共同代表は「強靭化」について、「住民の安全ないがしろ、外交不在の戦争遂行態勢が南西諸島から全国に広がろうとしている」と警告します。

司令部などの地下化、すでに60施設以上で完成、計画

完成　52　　工事中　5
23年度予算に計上　4

地下化されている航空自衛隊宮古島分屯基地（Hマークの右側）。3層構造になっている ©Google Earth

全国に弾薬庫1401棟！※

陸自　933
海自　224
空自　237
その多　7

民家の背後に広がる森が大分分屯地の弾薬庫

↑加えて

敵基地攻撃ミサイルを保管
大型弾薬庫を全国に130棟新設※※
23年度予算で大湊（青森県）、大分での建設費、大湊、祝園（京都府）、呉（広島県）での調査費計上
※既存の弾薬庫数は20年8月現在
※※23～32年度の建設予定数

弾薬庫

基地の強靭化と一体で進んでいるのが、敵基地攻撃兵器を保管する大型弾薬庫の建設です。今後10年間で130棟を建設する計画ですが、既存の弾薬庫約1400棟は民家に近い場所が多く、ロシアのウクライナ侵略でも弾薬庫が真っ先に攻撃対象になったことから、住民に不安が広がっています。

なかでも、真っ先に建設が狙われる大分分屯地の周辺には2万世帯以上の住宅密集地が存在します。「日出生台《ひじゅうだい》での米軍演習に反対する大分県各界連絡会」は県に建設中止を要請。「ひとたび戦争が始まってしまえば、どんな武力があっても命は守れません。そして戦争を終わらせることも簡単ではありません。大切なことは、戦争の準備ではなく、平和のために努力することです」と訴えています。

基地／静浜基地／浜松基地

■近畿中部■

【富山】**陸**富山駐屯地【石川】**陸**金沢駐屯地　**空**輪島分屯基地／小松基地【福井】**陸**鯖江駐屯地【岐阜】**空**岐阜基地【愛知】**陸**春日井駐屯地／守山駐屯地／豊川駐屯地　**空**小牧基地／高蔵寺分屯基地【三重】**陸**久居駐屯地／明野駐屯地　**空**笠取山分屯基地／白山分屯基地【滋賀】**陸**今津駐屯地／大津駐屯地　**空**饗庭野分屯基地【京都】**陸**福知山駐屯地／桂駐屯地／宇治駐屯地／大久保駐屯地／祝園分屯地　**海**舞鶴地方総監部／舞鶴航空基地　**空**経ケ岬分屯基地【奈良】**空**奈良基地【和歌山】**陸**和歌山駐屯地　**海**由良基地分遣隊　**空**串本分屯基地【大阪】**陸**八尾駐屯地／信太山駐屯地【兵庫】**陸**川西駐屯地／伊丹駐屯地／千僧駐屯地／青野原駐屯地／姫路駐屯地　**海**仮屋磁気測定所／阪神基地隊

■中国四国■

【鳥取】**陸**米子駐屯地　**空**美保基地　**機**美保通信所【島根】**陸**出雲駐屯地　**空**高尾山分屯基地【岡山】**陸**日本原駐屯地／三軒屋駐屯地【広島】**陸**海田市駐屯地　**海**呉地方総監部／第1術科学校【山口】**陸**山口駐屯地　**海**岩国基地／小月航空基地／下関基地隊　**空**防府北基地／防府南基地／見島分屯基地【香川】**陸**善通寺駐屯地【愛媛】**陸**松山駐屯地【徳島】**海**小松島航空基地／徳島航空基地【高知】**空**土佐清水分屯基地

■九州■

【福岡】**陸**福岡駐屯地／春日駐屯地／小倉駐屯地／飯塚駐屯地／小郡駐屯地／久留米駐屯地／前川原駐屯地／富野分屯地　**空**築城基地／芦屋基地／春日基地／高良台分屯基地　**機**太刀洗通信所【佐賀】**陸**目達原駐屯地／鳥栖分屯地　**空**背振山分屯基地【長崎】**陸**対馬駐屯地／相浦駐屯地／大村駐屯地／竹松駐屯地　**海**大村航空基地／佐世保地方総監部／干尽地区／佐伯分遣隊／佐世保造修補給所／壱岐警備所／対馬防備隊／佐世保教育隊／佐世保業務隊／金山弾薬庫／針尾送信所／庵崎貯油所　**空**海栗島分屯基地／福江島分屯基地【大分】**陸**別府駐屯地／南別府駐屯地／湯布院駐屯地／玖珠駐屯地／大分分屯地【熊本】**陸**熊本駐屯地／健軍駐屯地／北熊本駐屯地／高遊原分屯地【宮崎】**陸**えびの駐屯地／都城駐屯地　**空**新田原基地／高畑山分屯基地【鹿児島】**陸**川内駐屯地／国分駐屯地　**海**鹿屋航空基地／えびの送信所／奄美分遣隊／鹿児島音響測定所　**空**奄美大島分屯基地／沖永良部島分屯基地／下甑島分屯基地　**機**喜界島通信所

■沖縄■

陸那覇駐屯地／白川分屯地／勝連分屯地／知念分屯地／八重瀬分屯地／南与座分屯地　**海**沖縄基地隊　**空**那覇基地／恩納分屯基地／久米島分屯基地／知念分屯基地／与座岳分屯基地／宮古島分屯基地

上記以外に、陸自の瀬戸内分屯地（鹿児島）、石垣駐屯地（沖縄）、与那国駐屯地（同）、空自の横田基地（東京都）など「強靭化」対象になりうる基地も存在

陸＝陸自　**海**＝海自
空＝空自　**機**＝機関

47都道府県「強靱化」対象地区リスト

■北海道■

陸札幌駐屯地／名寄駐屯地／留萌駐屯地／旭川駐屯地／滝川駐屯地／上富良野駐屯地／美唄駐屯地／岩見沢駐屯地／丘珠駐屯地／真駒内駐屯地／北千歳駐屯地／東千歳駐屯地／北恵庭駐屯地／南恵庭駐屯地／島松駐屯地／安平駐屯地／白老駐屯地／幌別駐屯地／倶知安駐屯地／静内駐屯地／函館駐屯地／礼文分屯地／沼田分屯地／近文台分屯地／多田分屯地／苗穂分屯地／日高分屯地／早来分屯地／遠軽駐屯地／美幌駐屯地／別海駐屯地／釧路駐屯地／鹿追駐屯地／標津分屯地／足寄分屯地／帯広駐屯地　**海**函館基地隊／松前警備所／余市防備隊　**空**千歳基地／長沼分屯基地／稚内分屯基地／当別分屯基地／奥尻島分屯基地／襟裳分屯基地／八雲分屯基地／網走分屯基地／根室分屯基地　**機**千歳試験場／東千歳通信所

■東北■

【青森】**陸**青森駐屯地／弘前駐屯地／八戸駐屯地　**海**八戸航空基地／大湊地方総監部／大湊航空基地／下北海洋観測所／竜飛警備所　**空**三沢基地／大湊分屯基地／車力分屯基地／東北町分屯基地　**機**下北試験場【岩手】**陸**岩手駐屯地　**空**山田分屯基地【秋田】**陸**秋田駐屯地　**空**加茂分屯基地／秋田分屯基地【宮城】**陸**霞目駐屯地／多賀城駐屯地／大和駐屯地／仙台駐屯地／船岡駐屯地／反町分屯地　**空**松島基地【山形】**陸**神町駐屯地【福島】**陸**福島駐屯地／郡山駐屯地　**空**大滝根山分屯基地

■北関東■

【栃木】**陸**北宇都宮駐屯地／宇都宮駐屯地【群馬】**陸**相馬原駐屯地／新町駐屯地／吉井分屯地【茨城】**陸**勝田駐屯地／土浦駐屯地／霞ケ浦駐屯地／古河駐屯地／朝日分屯地　**空**百里基地　**機**航空装備研究所土浦支所【埼玉】**陸**大宮駐屯地　**空**熊谷基地／入間基地　**機**大井通信所【千葉】**陸**松戸駐屯地／習志野駐屯地／下志津駐屯地／木更津駐屯地　**海**館山航空基地／下総航空基地／木更津航空基地　**空**木更津基地／習志野分屯基地／峯岡山分屯基地　**機**電子装備研究所飯岡支所【東京】**陸**朝霞駐屯地／練馬駐屯地／十条駐屯地／市ケ谷駐屯地／三宿駐屯地／小平駐屯地／東立川駐屯地／立川駐屯地　**海**父島分遣隊／硫黄島航空基地／南鳥島航空基地／市ケ谷地区　**空**府中基地　**機**航空装備研究所新島支所／艦艇装備研究所【新潟】**陸**新発田駐屯地／高田駐屯地　**海**新潟分遣隊　**空**佐渡分屯基地／新潟分屯基地　**機**小舟渡通信所【長野】**陸**松本駐屯地

■南関東■

【神奈川】**陸**座間駐屯地／横浜駐屯地／久里浜駐屯地／武山駐屯地　**海**船越地区／新井地区／厚木航空基地／横須賀地方総監部／比与宇地区／長浦地区／田浦地区／武山教育隊　**空**武山分屯基地　**機**艦艇装備研究所久里浜地区／艦艇装備研究所川崎支所／陸上装備研究所【山梨】**陸**北富士駐屯地【静岡】**陸**富士駐屯地／滝ケ原駐屯地／駒門駐屯地／板妻駐屯地　**空**御前崎分屯

〈クローズアップ〉

岸田政権　亡国の大軍拡

米に要求され2倍化へ暴走

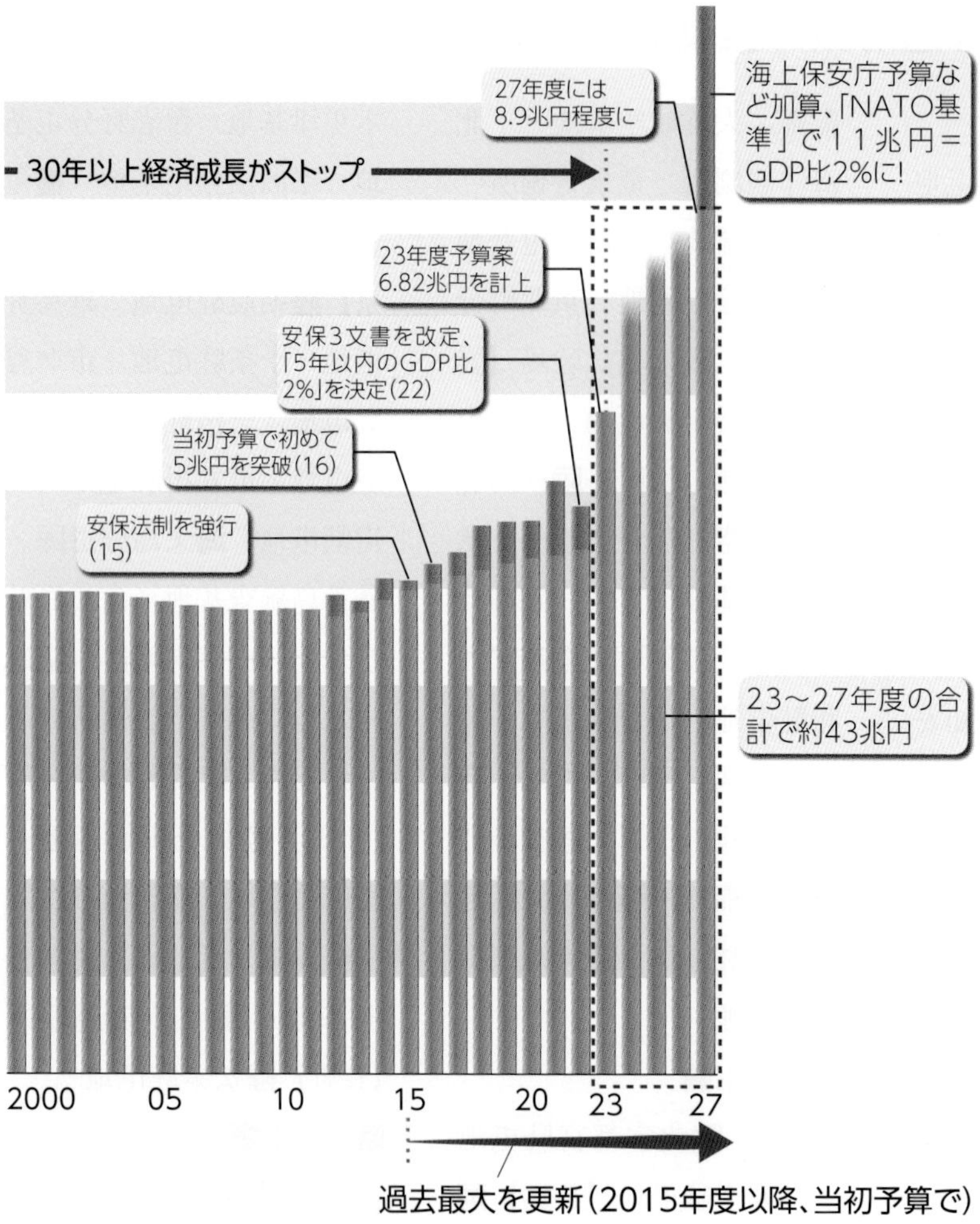

わずか5年で軍事費を2倍化――。亡国の岸田大軍拡が狙われています。

「成長しない国」

戦力不保持を明記した新憲法の下、日本の軍事費はいったんゼロになりましたが、米占領軍の要求で1950年、自衛隊の前身である警察予備隊が発足。軍事費が復活します。

60年の安保条約改定で日米共同作戦条項（第5条）が加わり、軍拡に道が開かれますが、「他国の脅威にならない」という方針の下、軍事費の「GNP（国民総生産＝現在のGDP）1％枠」が設けられます。87年に撤廃されますが、60年代から80年代にかけて、日本経済は成長を続け、軍事費が増えても「1％枠」は実態として維持されてきました。

しかし、第2次安倍政権下、米国の高額武器〝爆買い〟で軍事費が過去最大を更新。さらに「すべての同盟国は国防費をGDP比2％以上にしろ」という米国の要求に応じるため、岸田政権が異次元の大軍拡に踏み切ったのです。

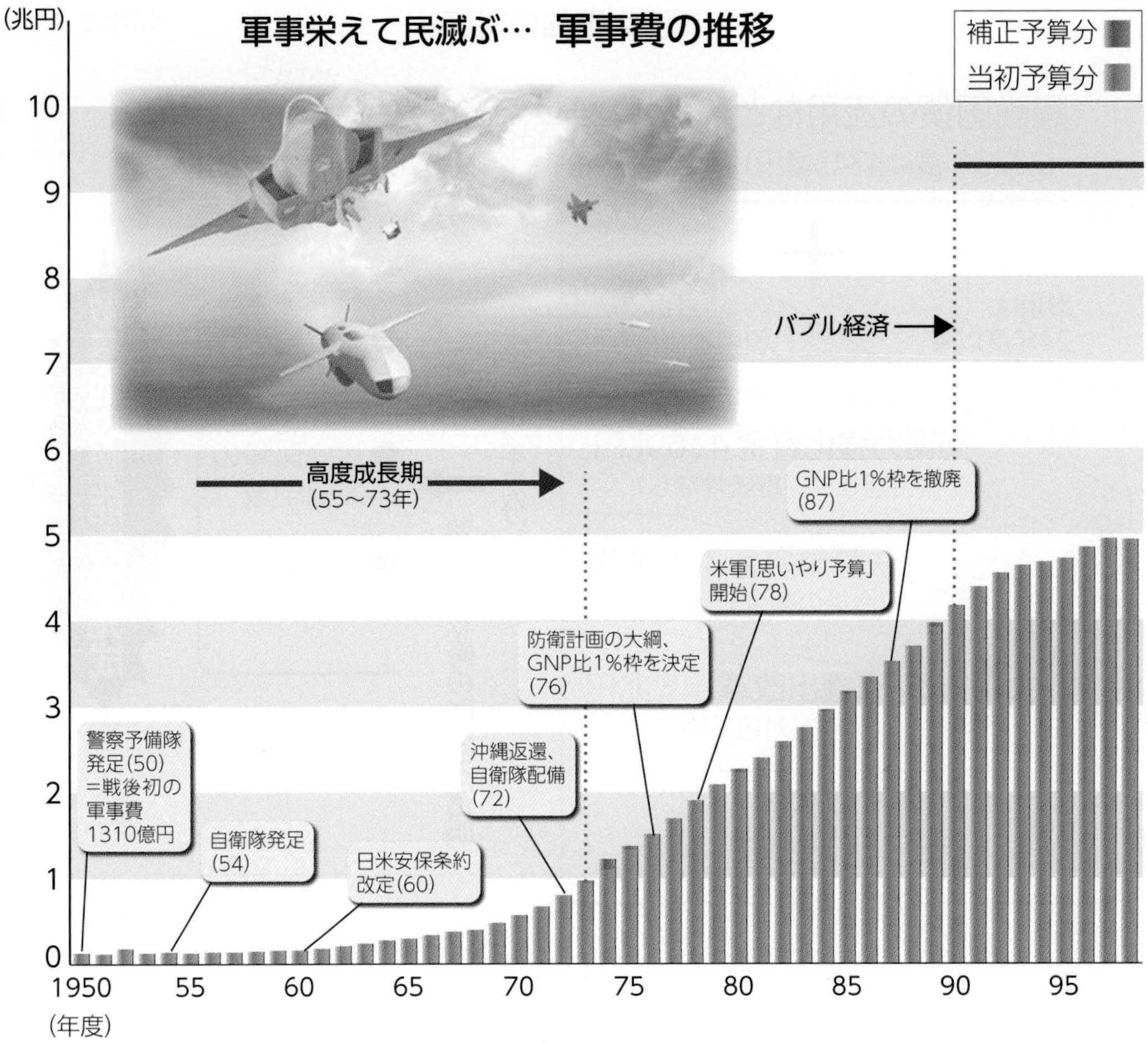

90年代以降の日本は「失われた30年」といわれ、主要国で唯一、経済成長が止まっています。そうした中での異常な大軍拡が破滅的な影響をもたらすことは明らかです。

岸田政権は、2023年度から27年度までの5年間で、従来（現在の中期防衛力整備計画）の約1・6倍となる43兆円もの軍事費を狙っています。

その「不足分」を、①歳出改革②決算剰余金の活用③防衛力強化資金④増税（たばこ税、法人税、復興特別所得税の流用）――で賄うとしています。さらに「建設国債」を自衛隊艦船の建造費などに充てるという〝禁じ手〟にも手を染めました。

しかし、「歳出改革」の対象は具体的に示されていません。「決算剰余金」は今後の剰余分がどれくらいになるのか見通せず、「強化資金」は国有財産の売却やコロナ対策積立金の返納分など、1回限りの財源です。

岸田政権が大軍拡の柱にしている敵基地攻撃能力は、10年後の32年に完成しま

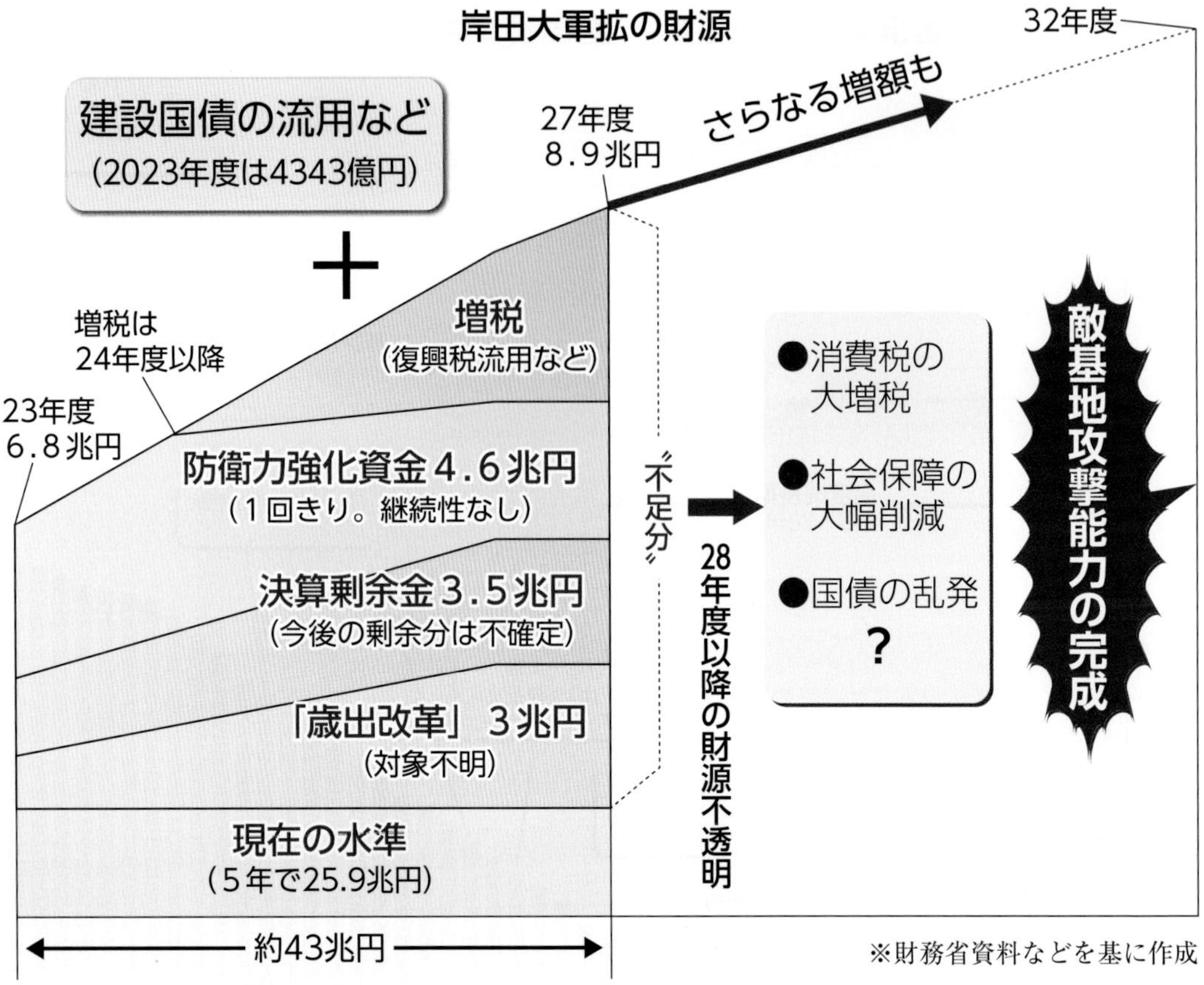

※財務省資料などを基に作成

財源不明確、大増税や国債乱発も 子ども予算「倍増」は尻すぼみ

す。「GDP比2％」を達成した27年度以降も軍拡はさらに続き、放置すれば2・5％、3％へと拡大することは避けられません。その結果、消費税の大増税、社会保障の大幅削減、国債の乱発に道を開くことは目に見えています。何としても、岸田大軍拡を止めなければなりません。

突出する高学費

一方、岸田政権は「異次元の少子化対策」と称して、「子ども予算倍増」を掲げましたが、あっという間に迷走。「出生率が上がれば倍増する」（木原誠二官房副長官）という発言まで飛び出すありさまです。

軍事費に関しては欧米に「右へならえ」で2倍化へ暴走していますが、子育て費用の指標の一つである「家族関係社会支出」は、欧州諸国と比較して大きく立ち遅れています。

日本の少子化の大きな要因となっているのは、世界でも突出している高学費です。経済協力開発機構（OECD）の19

年統計によれば、日本の教育への公的支出は加盟国中、下から2番目。
軍事費の増額分を教育に回せば、小学校から大学・大学院まで、学費をはじめ大半の費目を無償化できます。「異次元の少子化対策」というなら、これぐらい思い切った措置が必要です。

主要国の家族関係社会支出（対GDP比％）

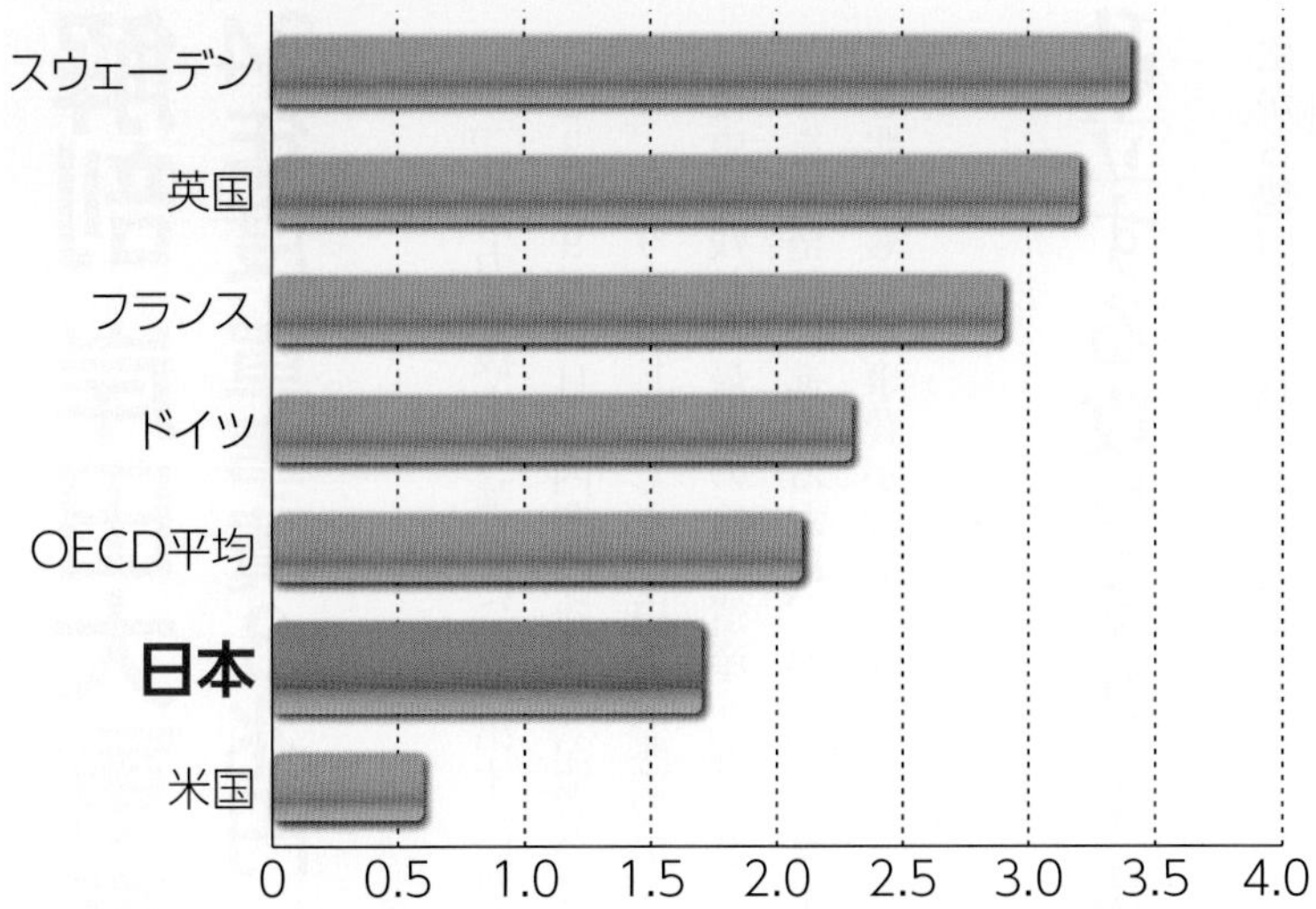

※日本は2019年度、他の国は17年・年度。財務省資料を基に作成

OECD加盟国の教育への公的支出の割合（GDP比）

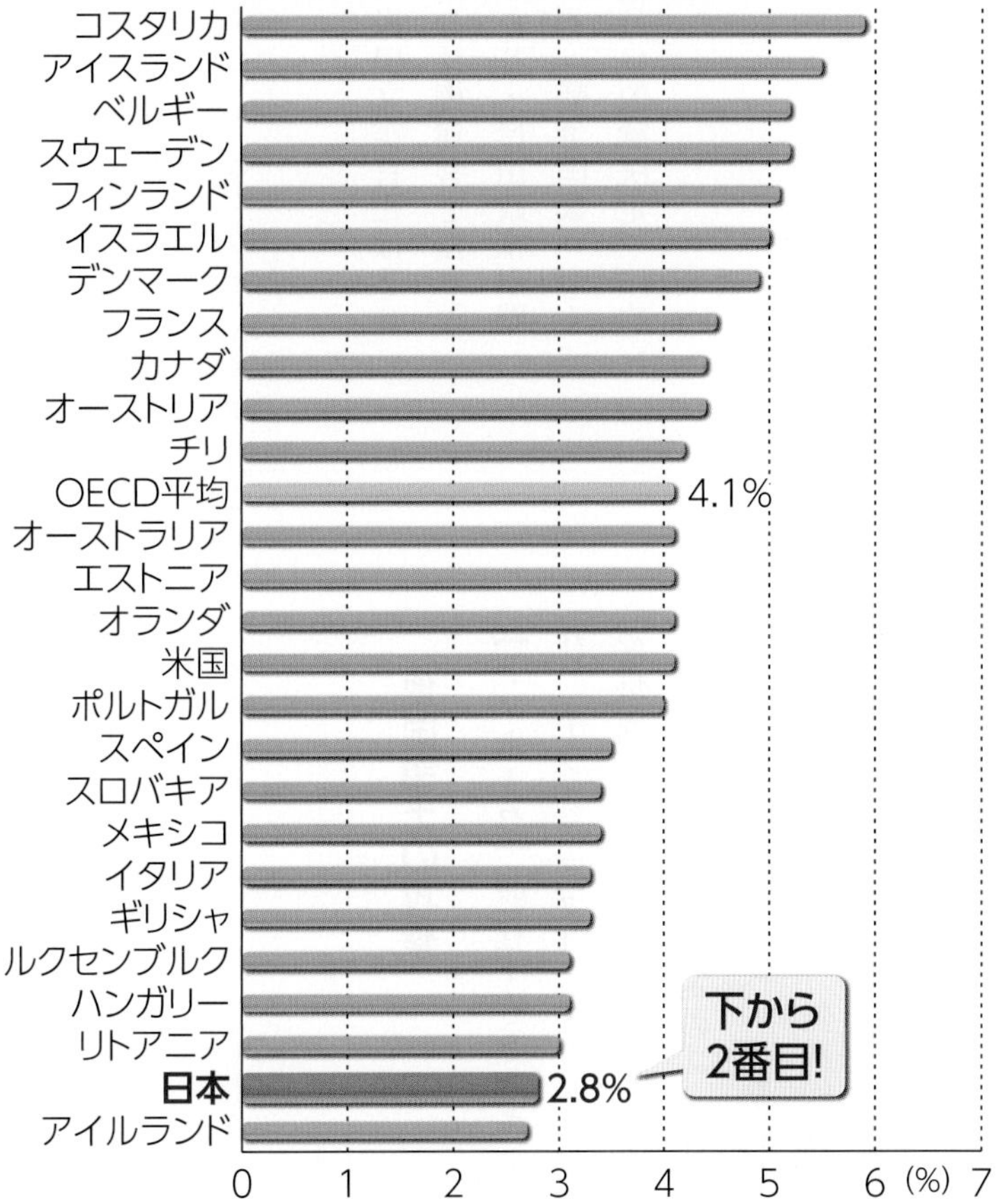

※2019年分、OECD資料から

解剖 岸田大軍拡
24年度 軍事費8兆円

「防衛力の抜本的強化に踏み出す決断をした」。岸田文雄首相は2023年9月13日、内閣改造後の記者会見で2年間の政権運営を振り返り、こう自賛しました。史上最悪のアメリカ言いなり・岸田政権が戦後史に残した最大の負の遺産＝安保3文書に基づく「戦争国家」づくりを本格的に進めるため、24年度予算案（23年12月に閣議決定）に約8兆円もの軍事費が計上されました。

乱立する攻撃ミサイル

「平生から他国を攻撃する兵器を持つことは憲法の趣旨とするところではない」（1959年3月、伊能繁次郎防衛庁長官）。敵基地攻撃能力の保有は違憲という政府見解は、今日も維持されています。ところが防衛省は2024年度予算案で、8種類もの敵基地攻撃兵器＝長射程の「スタンド・オフ・ミサイル」取得・量産・開発・研究費を計上しました。23年度予算で一括購入する米国製の長距離巡航ミサイル・トマホークを含めれば、実に9種類。トマホークだけで400発。最終的に数千発を保有するとみられます。これのどこが「平和国家」、「専守防衛」なのか。タガが外れた異常なミサイル大軍拡の実相は。

他国領土の攻撃

【トマホーク】射程1600キロにおよび、イラクやアフガニスタンなどの先制攻撃戦争でくり返し使用されてきました。日本が取得予定の「ブロックV（5）」は、他国領土への攻撃に特化。厚い壁や地面を貫通し、無数の破片が飛び散り、地下司令部の破壊が可能となります。

日本政府は400発を一括購入。横須賀（神奈川県）、舞鶴（京都府）、佐世保（長崎県）各基地のイージス艦8隻に搭載し、米海軍と一体になって「飽和攻撃」＝大量同時発射が狙われています。

戦闘機にも搭載

【JASSM、JSM】戦闘機にも長射

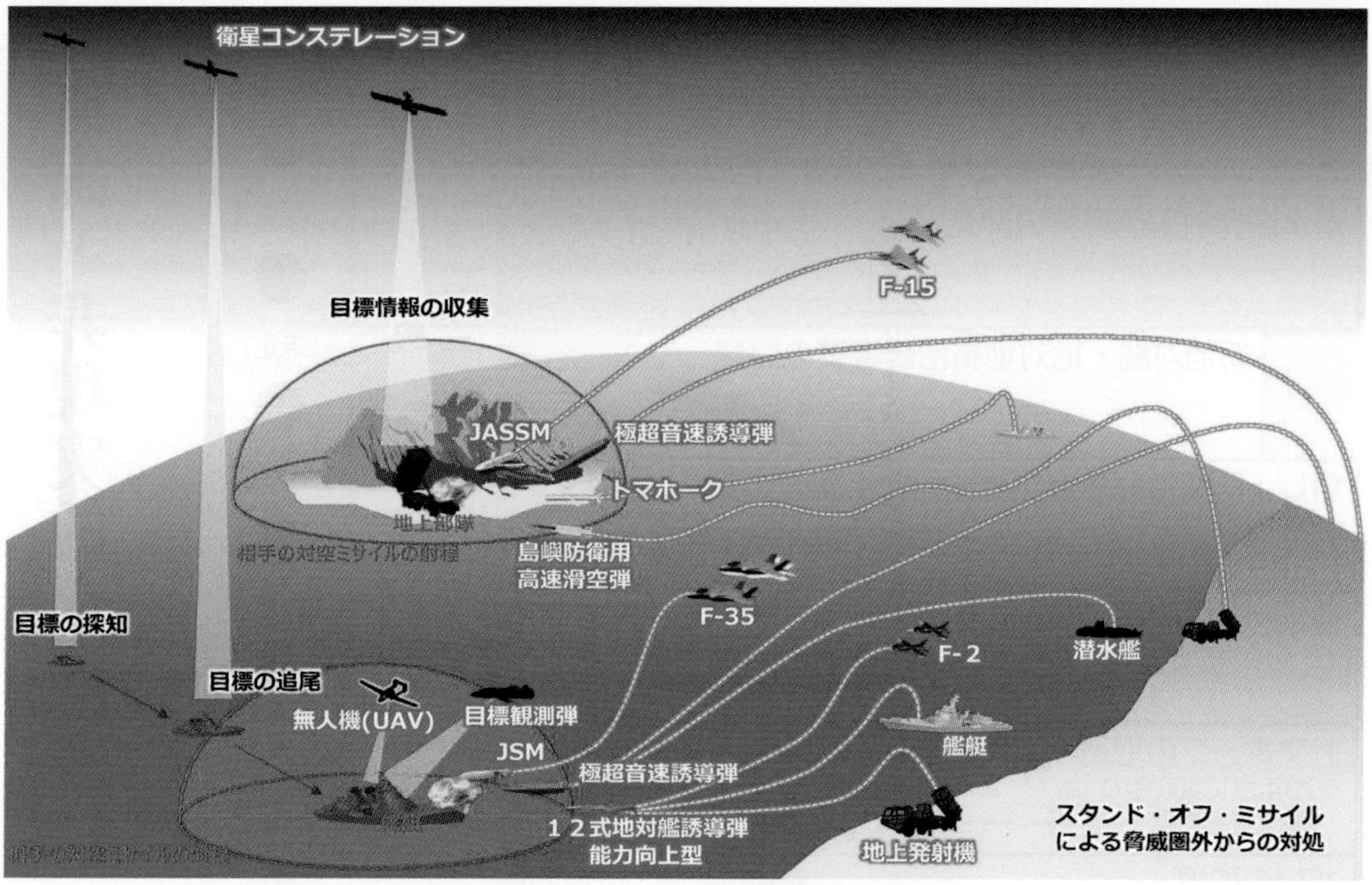

スタンド・オフ・ミサイル運用のイメージ図（防衛省予算案資料から）

程ミサイルを配備します。米政府は２０２３年８月、「ＪＡＳＳＭ－ＥＲ」（射程約９００キロ）50発と関連装備の売却を承認。空自のＦ15戦闘機能力向上型に搭載されます。Ｆ35Ａ戦闘機に搭載するノルウェー製の「ＪＳＭ」（射程約５００キロ）の取得も続けています。戦闘機は、空中給油で他国領内まで侵入し、奥深くまで攻撃が可能です。

南西諸島に配備

【12式地対艦誘導弾】防衛省は、数多くの国産ミサイルにも着手します。〝目玉〟とされるのが、射程を１０００キロ以上に延ばす「12式地対艦誘導弾能力向上型」です。23年度から地上発射型の量産に入り、予算案では取得費９６１億円を計上。「艦艇発射型」と「戦闘機発射型」の開発を並行して進めます。新型護衛艦「ＦＦＭ」と、Ｆ２戦闘機に搭載するとみられ、地上発射型は25年度、それ以外は27年度までの予定です。

12式地対艦誘導弾を運用する部隊の配備計画も進められています。沖縄本島、宮古島、石垣島、鹿児島県の奄美大島に加え、大分県の陸自湯布院駐屯地にミサイル連隊を24年度中に新編する計画です。南西地域のミサイル基地化に、住民が不安と批判を強めています。

無謀・非現実的な開発

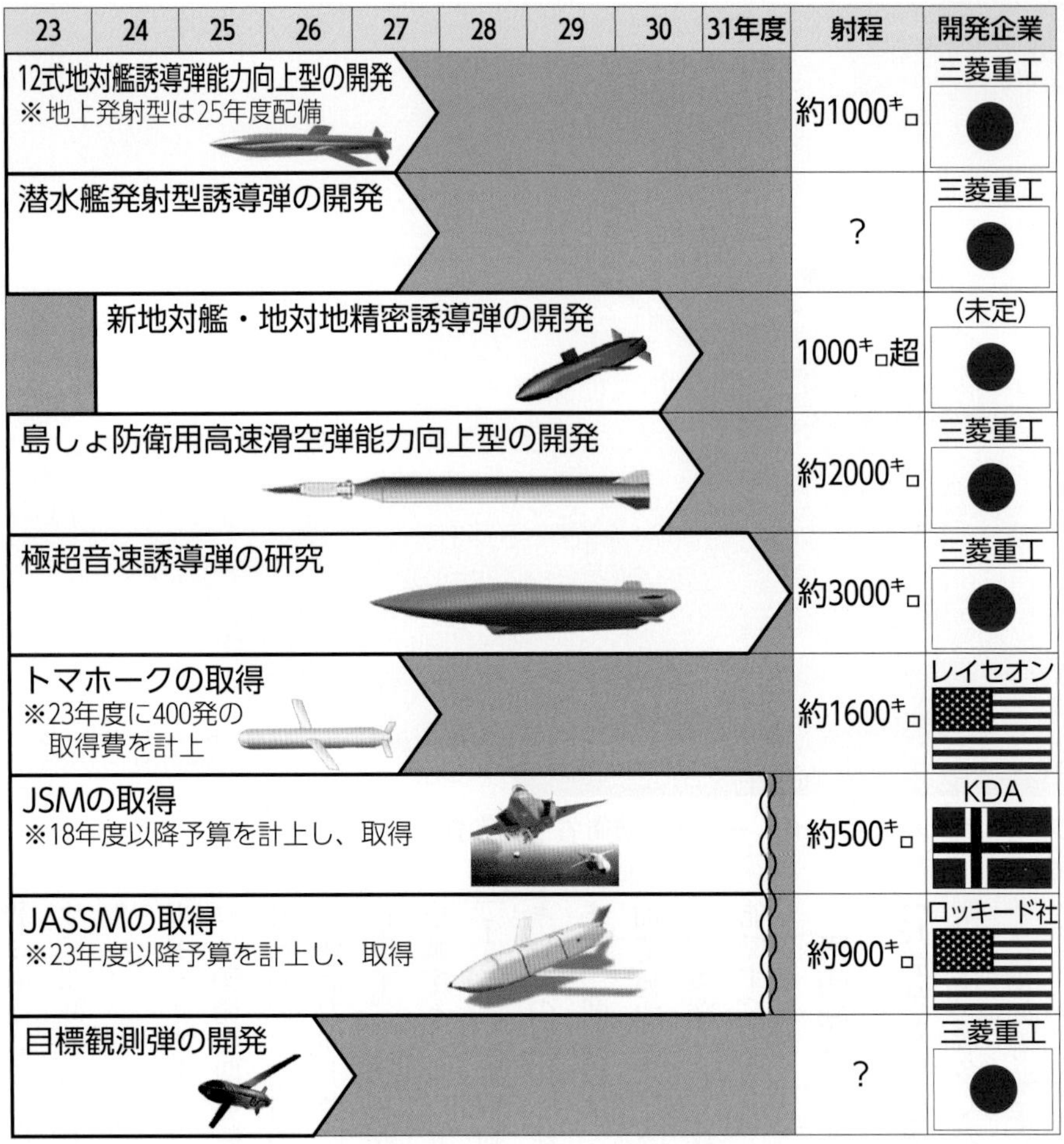

【高速滑空弾】ロケットで打ち上げられた後、音速を超える速度で複雑な軌道を描きながらグライダーのように滑空し、地上目標を破壊するミサイルです。エンジンを切り離すため熱源を探知されにくく、迎撃が難しいのが特徴です。防衛省は射程の短い「早期装備型」の開発・量産とともに、射程2000キロにも達する「能力向上型」の開発にも着手します。

【極超音速誘導弾】音速の5倍以上で飛行し、射程は3000キロにまで達します。軌道も自在に変えられ、探知・迎撃がきわめて困難なため、戦局を大きく変える「ゲームチェンジャー」と言われる兵器です。東アジア全域を射程圏内に収め、周辺国に重大な脅威をもたらします。防衛省は地上に加え、潜水艦からの発射も想定していると見られます。

【潜水艦発射型誘導弾】米国、ロシア、中国、北朝鮮といった先制攻撃態勢を取る国々は、いずれも、核兵器を含む攻撃ミサイル発射のプラットフォーム（基盤）として、発射地点の特定が困難な潜水艦を用いています。防衛省も２０２７年度までに潜水艦発射型ミサイルの開発を計画。地上に打ち上げるため、潜水艦への垂直発射装置（ＶＬＳ）搭載も進めます。文字通り、先制攻撃国家の仲間入りとなりかねません。

【新地対艦・地対地誘導弾】24年度予算案で、初めて開発費３２３億円が計上されたミサイルです。赤外線による誘導性能を高めたもので、射程も「12式地対艦誘導弾能力向上型よりも長距離」（防衛省担当者）を狙っています。開発期間は30年度までで、12式地対艦誘導弾の地上発射装置からの活用を可能にします。

【目標観測弾】確実に標的を攻撃するため、地対艦ミサイルなどを撃つ前に、弾頭にセンサーやカメラなどを搭載して撃ち込むと見られますが、詳細は不明です。

弾薬の整備費の推移（億円）

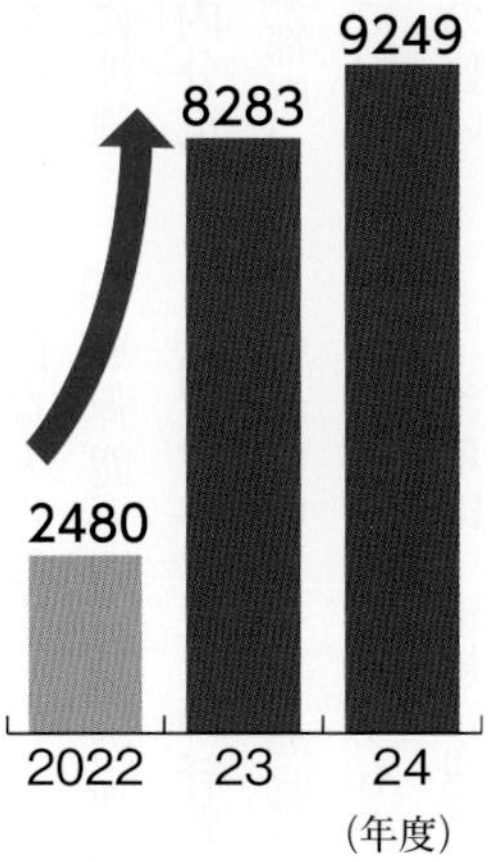

弾薬庫が全国に

こうした長射程ミサイルは従来の憲法解釈から見て違憲性が強く、国際法違反の先制攻撃にもつながるものです。同時に、自衛隊が従来保有してきた短距離や中距離など通常ミサイルの大量確保も深刻な問題です。

ロシアのウクライナ侵略を見ても分かるように、実際の戦闘では、高価な長射程ミサイルではなく安価な短距離ミサイルが多用され、多くの被害者を生み出しているからです。

従来、弾薬費は２０００億円台で推移していましたが、23年度に８２８３億円、24年度予算案では９２４９億円と急増しています。

弾薬庫の建設も相次いでいます。防衛

24年度予算案に盛りこまれた弾薬庫の新設

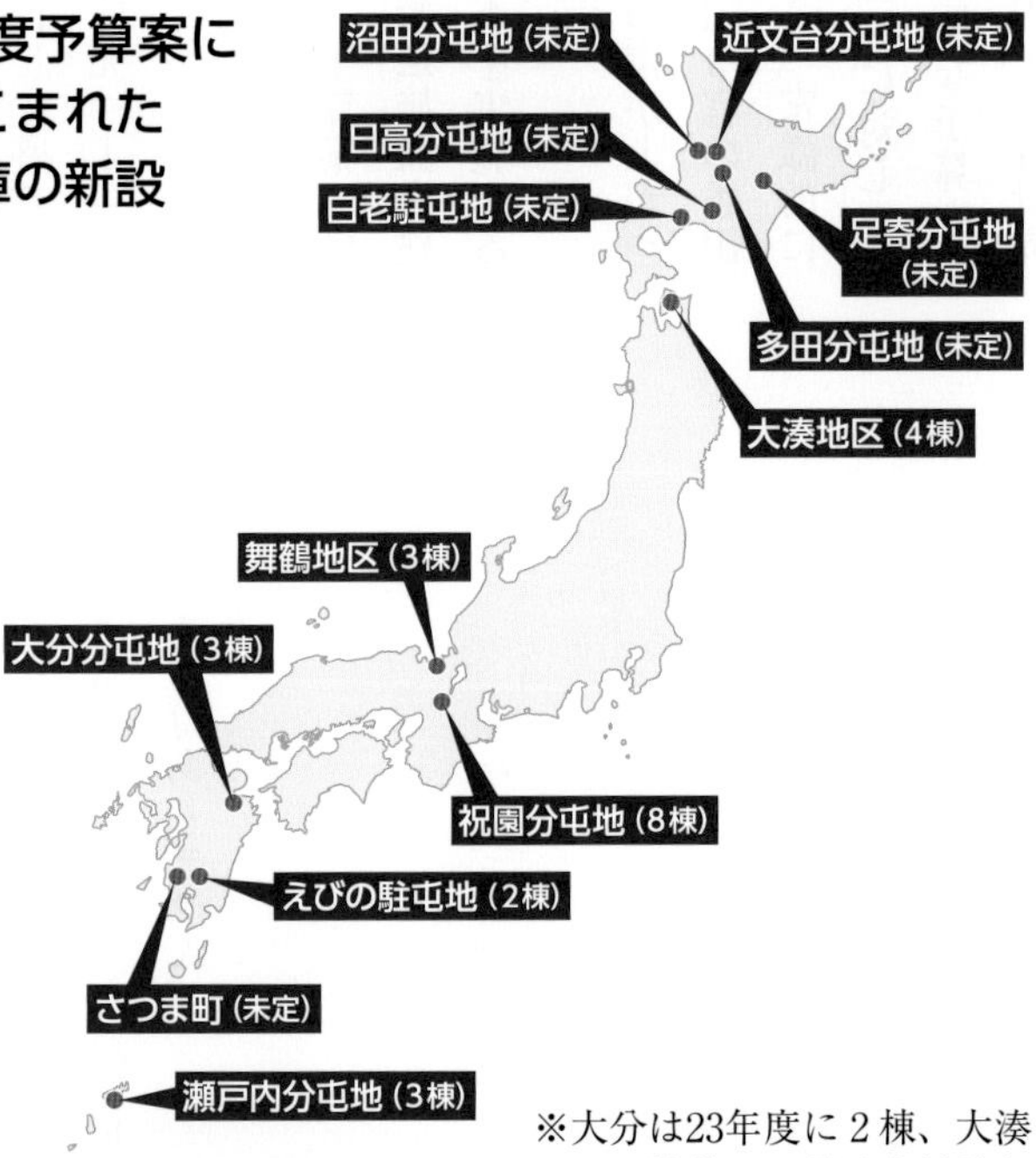

※大分は23年度に２棟、大湊は２棟着工。呉地方総監部（広島県呉市）は調査中。

省は、32年度までに大型弾薬庫を全国に130棟増設する計画です。すでに沖縄県の沖縄訓練場や奄美大島の瀬戸内分屯地をはじめ、北海道、青森県、京都府、広島県、大分県、宮崎県など全国で弾薬庫整備が計画されています。国土の狭い日本では住宅地の近くに弾薬庫が建設されるため、住民からは「攻撃の標的にされる」と反対の声が上がっています。

実際、ウクライナ軍とロシア軍は互いに弾薬庫を標的に攻撃しており、多くの死傷者や避難者が出ています。また攻撃を受けなくても爆発事故などのリスクが常に存在します。

増設される弾薬庫の用地取得をめぐって、近隣住民・自治体との矛盾が激化することも避けられません。

「スタンド・オフ・ミサイルを速やかに運用できるよう、準備を進めてほしい」。木原稔防衛相は23年9月14日、就任後の訓示でこう述べ、ミサイル開発の加速を求めました。

しかし、防衛省が進める大量のミサイル同時開発は、あまりにも無謀で非現実的なものです。たとえば、12式地対艦誘導弾能力向上型の地発型は、予算案に「開発」「量産」の経費が並行して盛り込まれています。通常は、「開発」→「量産」と段階を追うものです。

さらに、極超音速誘導弾は「開発」段階が31年度まで続きますが、予算案では「量産費」86億円を計上。製造施設を建設するためのボーリング調査を実施するとしています。

元自衛隊幹部からも懸念の声が上がっています。元海上自衛艦隊司令官の香田洋二氏は23年3月の会見で、「常識的に言えば（ミサイル）開発四つに対して、成功するのは一つだ。（必要な予算を）全部積み上げれば、何十兆円という世界なのに、（失敗する）リスクを国民に説明しないのは無責任だ」と警鐘を鳴らしました。

悪循環もたらす

中国・北朝鮮がミサイル開発を進め、北東アジアに脅威をもたらしているのは事実ですが、これに対抗するために大量のミサイルを開発・配備すれば、他国も対抗して際限のない軍拡競争をもたらすことになります。日本が「平和国家」の看板を掲げるなら、こうした道に足を踏み込むべきではありません。

敵基地攻撃へ日米統合

ＩＡＭＤ（統合防空ミサイル防衛）本格強化に１兆２４７７億円

２０２４年度予算案は、敵基地攻撃と「ミサイル防衛」を一体化させた「統合防空ミサイル防衛（ＩＡＭＤ）」の本格的な強化を盛り込んでいます。違憲の敵基地攻撃能力（スタンド・オフ・ミサイル）と一体に、迎撃ミサイルや各種センサーなどの導入経費として、23年度比２６４８億円増の１兆２４７７億円を計上。自衛隊が米軍のＩＡＭＤに「統合」され、国際法違反の先制攻撃に組み込まれる危険が高まっています。

ＩＡＭＤは米軍が中国・ロシアのミサイルや航空機などのあらゆる「経空脅威」に対抗し、地球規模で軍事的優位を維持するために構築した攻撃・防御一体のシステムです。とりわけ、米軍は広大なインド太平洋地域で「中国包囲」のＩＡＭＤ網を構築するために、日本の参加が不可欠だと考えています。岸田政権が違憲の敵基地攻撃能力の保有を強行し、ＩＡＭＤへの「参加資格」を満たしたことから、本格的に、日本の動員に着手しつつあります。

その第一弾といえるのが、中国・ロシアが開発を進めている「極超音速滑空弾」（ＨＧＶ）を迎撃するための新型ミサイル＝「滑空段階迎撃用誘導弾」（ＧＰＩ）の共同開発です。23年8月18日の日米首脳会談で合意され、24年度予算案

2024年度予算案に計上されたIAMD関連項目

■イージス・システム搭載艦の建造費
■GPIの日米共同開発
■迎撃ミサイル整備（SM３ブロックⅡA、SM６など）
■センサー・ネットワーク強化（JADGEの能力向上など）
■衛星コンステレーションの導入

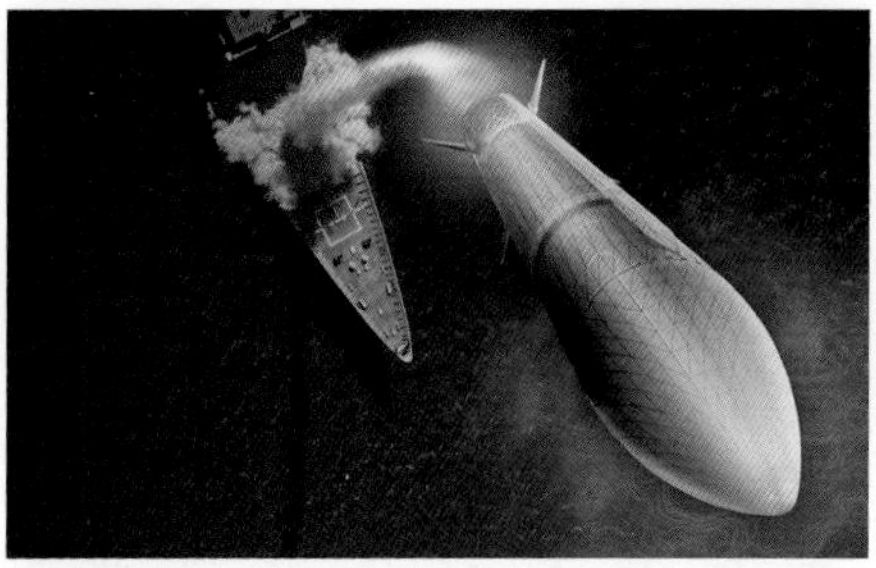

開発が進められているGPI（滑空段階迎撃用誘導弾）のイメージ（米レイセオン社のホームページから）

極超音速兵器

大気圏内を音速の５倍以上で飛行するミサイル。「極超音速誘導弾」（巡航ミサイル）と「極超音速滑空弾」の２種が存在。前者はスクラムジェットエンジンなどにより高高度を高速で飛行し、誘導で軌道を自在に変更。後者は比較的低高度を、複雑な軌道を描きながらグライダーのように滑空し、目標上空で急降下。エンジンを切り離すため熱源を探知されにくい。

に開発費757億円が計上されました。防衛省は、「統合防空ミサイル防衛」の一環だと認めています。

さらに、宇宙空間に無数の小型衛星を飛ばしてHGVを監視する「衛星コンステレーション」関連経費も計上されています。

そもそも、米国がIAMDを死活的だと考える契機になったのが、中国やロシアによる極超音速兵器の開発です。同兵器は音速の5倍以上で飛行し、軌道も変則的に変えられるため、慣性飛行する弾道ミサイルの迎撃を前提とした「弾道ミサイル防衛」（BMD）網が無力化されてしまうからです。

一方、米国はGPIと並行して、中国・ロシアに先行を許していた極超音速兵器の開発も急ピッチで推進。日本も独自に「極超音速誘導弾」の研究・開発を進めており、射程は3000キロを超えるとみられています。

米国のIAMDは、敵の指揮統制機能（政府機関、軍司令部）やミサイル基地、空港・港湾など重要インフラへの先制攻撃を前提にしています。日本が開発している極超音速誘導弾など各種ミサイルを含め、より高性能なミサイルで先制攻撃を可能にするとともに、日米で共同開発する迎撃ミサイルで敵を無力化する狙いが透けて見えます。

日米統合による、地球規模での新たなミサイル軍拡・ミサイル戦争への参戦が狙われているのです。

先制攻撃に傾斜する必然性

IAMD本格的強化

こうした新たなミサイル戦争は、日本はもとより、インド太平洋地域での破滅的な大軍拡を引き起こします。

そもそも、極超音速兵器誕生のきっかけをつくったのは米側です。オバマ大統領は2009年、「核なき世界」を打ち出し、ノーベル平和賞を受賞しました。同時に、「非核手段」で核兵器と同様の打撃力を保有することを計画。その具体化が「通常兵器による迅速な地球規模打撃」（CPGS）と呼ばれるもので、切り札が「極超音速滑空飛翔体」でした。

行きつく先は核弾頭の搭載

ロシアは警戒を示し、10年4月に締結された新START（米ロ戦略核削減条約）にも、非核兵器が与える影響に「留意する」との一文が盛り込まれましたが、オバマ政権は極超音速兵器の開発を継続。ロシアも対抗して開発に着手し、結果として先行したのです。

その後、極超音速技術は軍事の新潮流となり、中国や北朝鮮も開発に着手。自らが構想した軍事技術が自らへの「脅威」となり、同盟国を大動員し、先制攻撃をも前提にした対抗手段＝ＩＡＭＤ（統合防空ミサイル防衛）を打ち立てる――。因果応報の悪循環です。

一方、極超音速兵器も絶対的ではありません。ウクライナ軍は23年5月、ロシアの極超音速空対地ミサイル「キンジャール」6発を迎撃したと発表しています。事実であれば、極超音速兵器を保有あるいは保有を考える国は、さらなる能力向上や新たな攻撃手段に着手する動機となります。行きつく先は、核弾頭の搭載です。

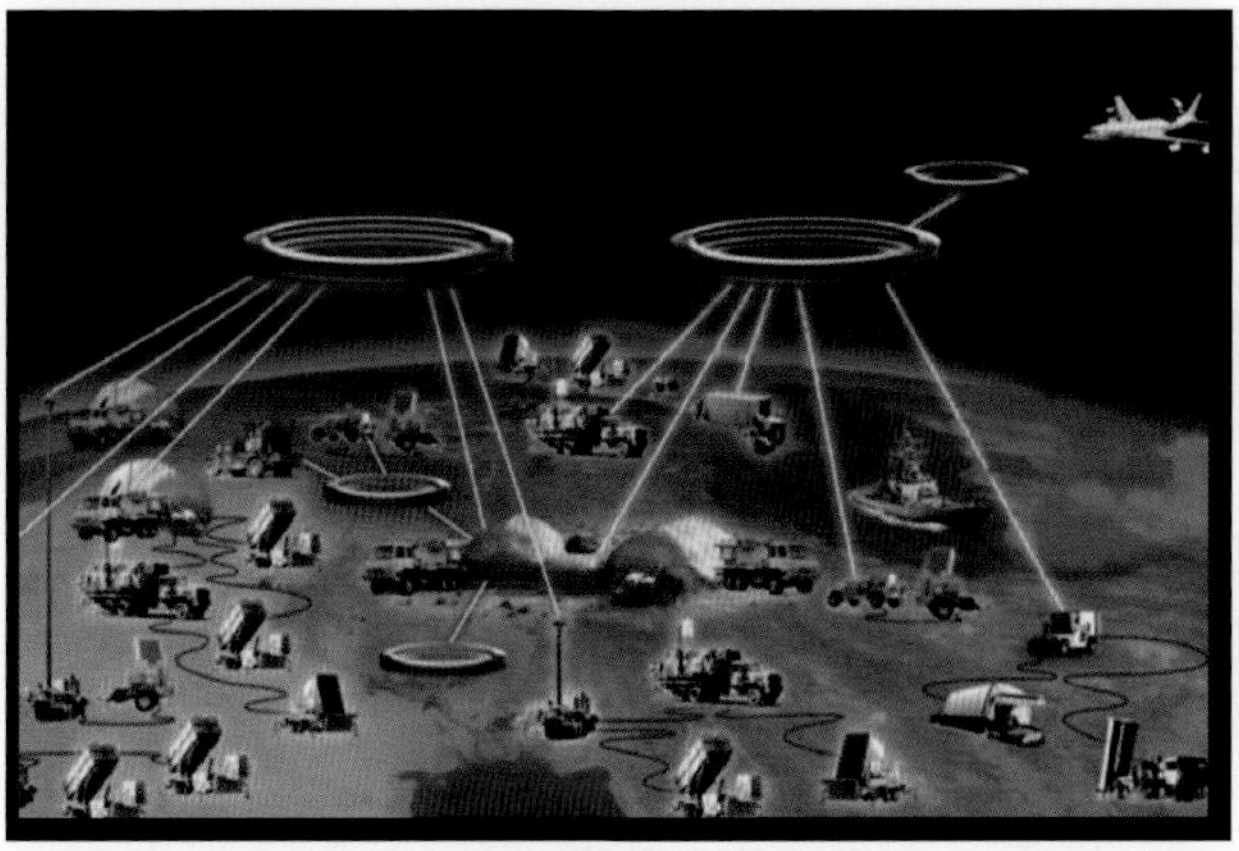

米軍のIAMD概念図。各種迎撃ミサイルやネットワークが複雑に結びついている

B52戦略爆撃機に搭載された、米国防総省が開発中の極超音速滑空体（米空軍ウェブサイトから）

日米が共同開発する迎撃ミサイル＝「滑空段階迎撃用誘導弾」（ＧＰＩ）をはじめとした「防空」システムも、困難が予想されることは、「弾道ミサイル防衛」（ＢＭＤ）の失敗を見れば明らかです。

ＢＭＤは、中国や北朝鮮、イランなどが開発する弾道ミサイルに対処するため、米国やその同盟国が導入。日本も導入を進めてきましたが、当初、日本政府が導入費用について、「おおむね８０００億円～１兆円」と説明していたものの、ＩＡＭＤに引き継がれるまで３兆円近くを支出。それでも、迎撃能力はごく初歩的なものにとどまっています。

極超音速兵器は、弾道ミサイルをはるかに上回る能力を有しており、「防空」システムの構築には、莫大な費用と時間の消費が予想されます。そもそも、米国がＧＰＩの共同開発を要求したのも、日本の費用分担が狙いであることは明らかです。

こうしたことから、「攻撃・防御一体」のＩＡＭＤは、先制攻撃に傾斜していく必然性を帯びています。

シームレスな統合がすすむ

「米国のＩＡＭＤに参加することはない」。岸田文雄首相はこう述べ、「統合防

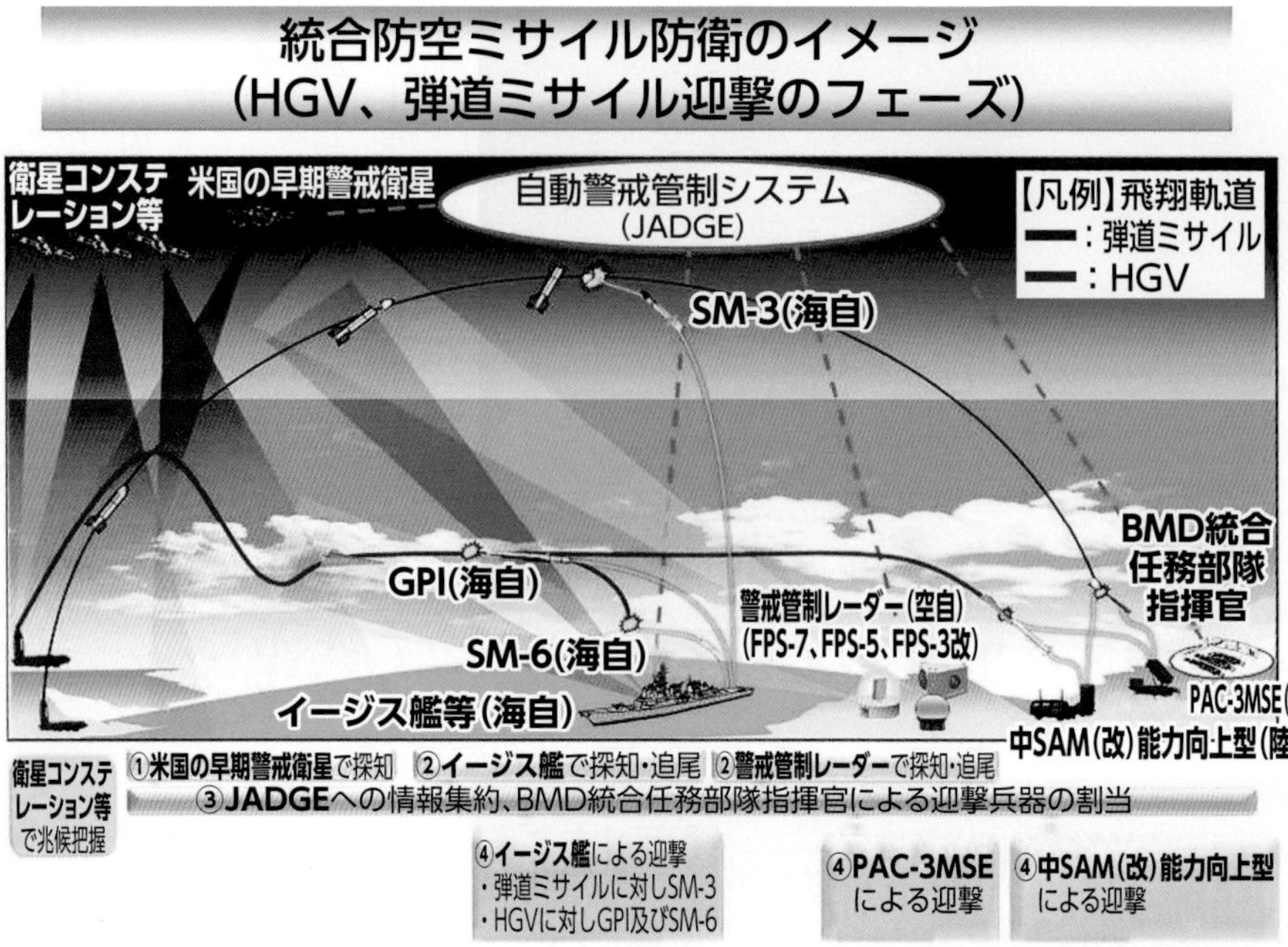

統合防空ミサイル防衛のイメージ（防衛省予算案資料から）。米国の情報収集衛星の情報が大前提になっている

空ミサイル防衛」は、日本独自のものであるとの考えを示しています。（23年1月31日、衆院予算委員会）

しかし、米IAMDの最も中核的な概念は、「高度な能力を有した同盟国とのシームレス（切れ目のない）な統合」であり、目的達成のために、「友好国のセンサー（情報）」が必要だとしています。（米インド太平洋軍『IAMD構想2028』）

日米の「シームレスな融合」は、すでに軍事の現場で進行しています。防衛省は24年度予算案に、IAMDの一角を担う「イージス・システム搭載艦」2隻の建造費を計上。同艦には、米軍が導入している「共同交戦能力」（CEC）を搭載する方針です。

CECは複数のイージス艦や早期警戒機が探知、追尾したミサイルや敵機の情報を、艦船や航空機が同時に共有します。共有した情報で撃墜する手法は「エンゲージ・オン・リモート（EOR）」と呼ばれ、米軍が採用しています。最新鋭の「まや」型イージス艦にはすでに搭載されており、航空自衛隊のE2D早期警戒機にもCECが搭載されています。米軍の情報に基づいて自衛隊が敵基地攻撃を行う、あるいは自衛隊の情報に基づいて米軍が先制攻撃することもありえます。

指揮系統をめぐっても、24年度予算案に、重大な内容が盛り込まれました。「統合作戦司令部」の創設です。240人体制で、24年度の発足が狙われています。陸海空・海兵隊・宇宙軍を統合し、指揮する米軍のインド太平洋軍との調整機能を有するのが狙いであることが、同省資料に明記されています。

IAMDを含め、もはや後戻りできないところまで、米軍との「シームレス」な融合・統合が加速される危険があります。

「令和の戦艦大和」イージス搭載艦
経費膨張　3倍超

「イージス艦より費用対効果が高い」――。当初のうたい文句に反して史上最高額の自衛艦となりつつあるのが「イージス・システム搭載艦」です。建造費は当初計画の3倍以上に膨張。元海上自衛隊幹部は国家財政を食いつぶす「令和の戦艦大和」だと批判しています。

イージス・システム搭載艦（イメージ図＝防衛省予算案資料から）

　防衛省は、２０２４年度予算案でイージス・システム搭載艦1隻あたりの建造費は約３９２０億円に上ると公表しました。同艦は、住民の反対や技術的な問題で配備計画が破綻した陸上配備型迎撃ミサイルシステム「イージス・アショア」の代替措置です。

　防衛省は19年、配備候補地である山口、秋田両県の住民説明会で陸上イージスの1基あたり建造費は約１２００億円で「イージス艦の増勢よりも費用対効果が優れている」と強調していました。

　しかし、陸上イージスが破綻すると防衛省はイージス・システム搭載艦に傾斜。20年11月にイージス艦の場合に２４００億～２５００億円になると示していました。それが今では約３９２０億円に膨れているのです。

　本来ならば計画が破綻した際に全面撤回すべきでしたが、当時の安倍政権は対米関係を考慮し、陸上イージスに搭載する米軍需大手ロッキード・マーチン社（ＬＭ）製のレーダー「ＳＰＹ７」の延命に固執。地上用の大型レーダーを艦艇に搭載する非現実的な計画であるため、艦船の大型化など経費が雪だるま式に増加しました。

　それだけではありません。24年度概算要求には「各種試験準備、テストサイト等の運用支援設備、システム技術教育」などの関連経費として約１１００億円を計上。こうした経費は、米国の武器輸出制度「ＦＭＳ（有償軍事援助）」の場合は日本側が負担しません。しかし、ＳＰＹ７は商社を通じて直接輸入するため、あらゆる費用が日本側の負担になります。元海上自衛艦隊司令官の香田洋二氏は23年3月の会見で「この先どれだけ

新型イージスの建造費をめぐる経緯

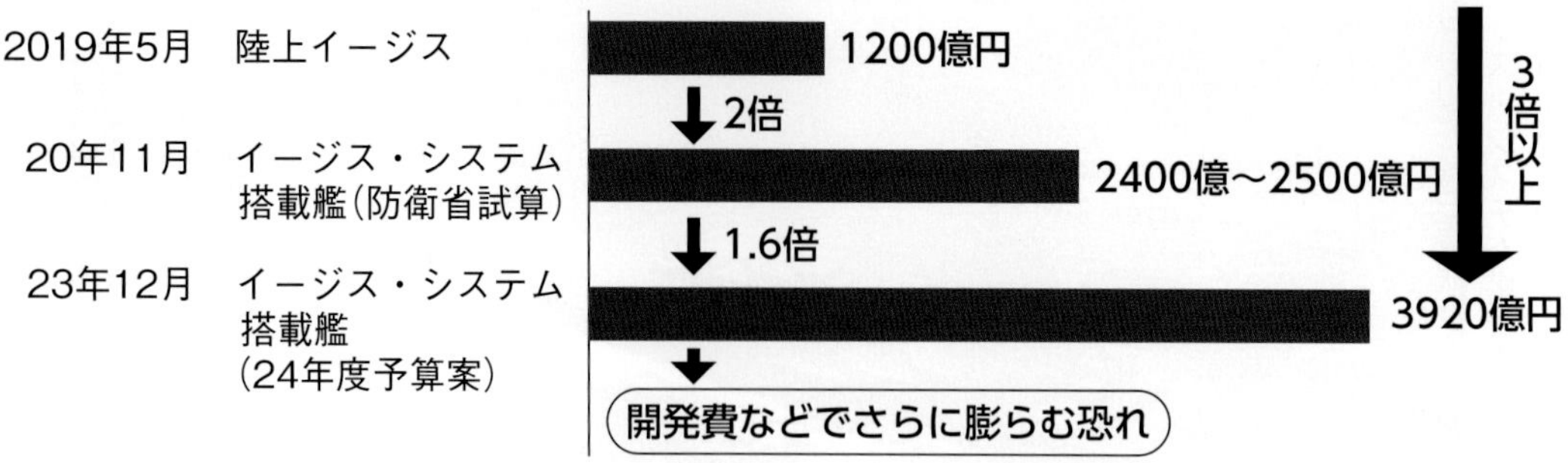

（経費が）かかるか分からない」と警告しました。

また自衛隊関係者から、ＬＭ社がスペインとカナダにもＳＰＹ７を輸出するにもかかわらず、日本が開発費を負担する事態に批判の声が上がっています。元海上自衛隊幹部は「ＬＭ社のスペインやカナダへの展開を日本政府が支援することになる」と指摘します。

イージス・システム搭載艦は、従来のイージス艦と違い、敵基地攻撃と迎撃能力を兼ね備えており、いわば「盾と矛」を持つ艦艇です。搭載が予定されているのは、米国製長距離巡航ミサイル・トマホークをはじめ、▽射程１０００キロ以上の「12式地対艦誘導弾能力向上型」▽迎撃ミサイル「ＳＭ３ブロック２Ａ」▽対空ミサイルＳＭ６▽極超音速滑空弾用の迎撃ミサイル「ＧＰＩ」――などです。ミサイルを格納するＶＬＳ（垂直発射装置）も１２８発分あり、最新鋭イージス艦「まや」型より３割増えています。

※イージス・システム搭載艦の導入について、財政制度等審議会（財務相の諮問機関）も23年10月27日の分科会で疑問を提示しました。防衛省の24年度概算要求で計画されている装備品の調達価格が軒並み高騰していること、調達費が１年もたたないうちに２０００億円も高騰したことを問題視しています。

さらに、ＳＰＹ７レーダーについて、「地上固定式レーダーとしては米国で導入実績があるものの、艦載用としては例がない」「米国の次期イージス艦は、別のＳＰＹ６レーダーを採用予定であるため、ＳＰＹ７レーダーの補用品や本体価格にはスケールメリット（規模の拡大による財政効率の向上）が働きにくい」としています。

こうした指摘を受け、防衛省は24年度予算案をめぐる大臣折衝で、イージス・システム搭載艦については予定通り導入を進めるものの、今後、イージス艦に搭載されるレーダーについて「白紙的に検討を行う」としました。事実上、これ以上ＳＰＹ７レーダーは導入しないという決定であり、安倍前政権が進めたイージス・システム搭載艦計画の破綻を示すものです。

米国製高額兵器でかさむ借金
財政圧迫は必至

「イージス・システム搭載艦」で運用するレーダー「ＳＰＹ７」をはじめとする米国製高額兵器の大量購入によって、軍事ローンが積み上がっています。将来にわたり軍事費が財政を圧迫し、社会保障や教育などの予算が削られる恐れがあります。

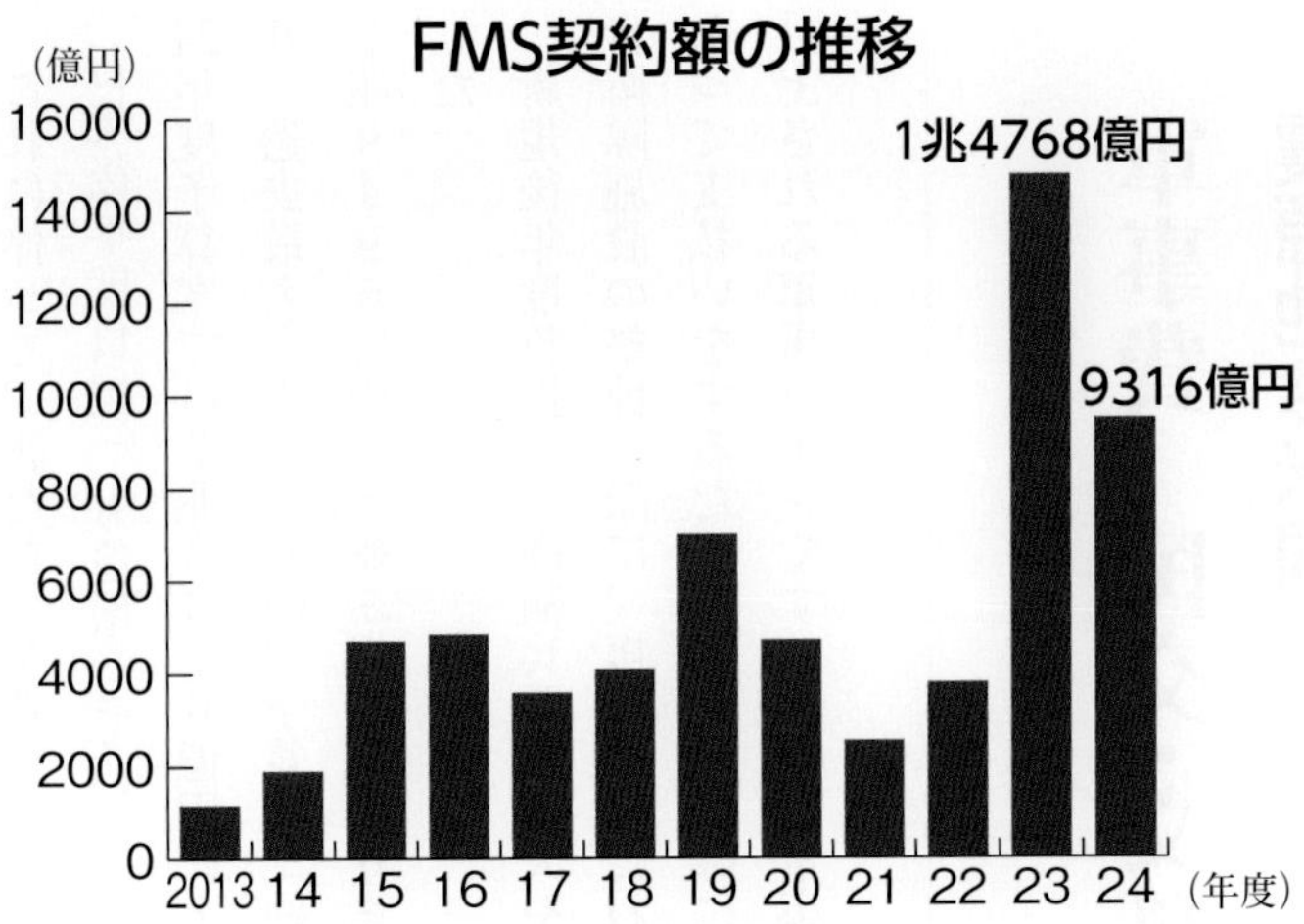

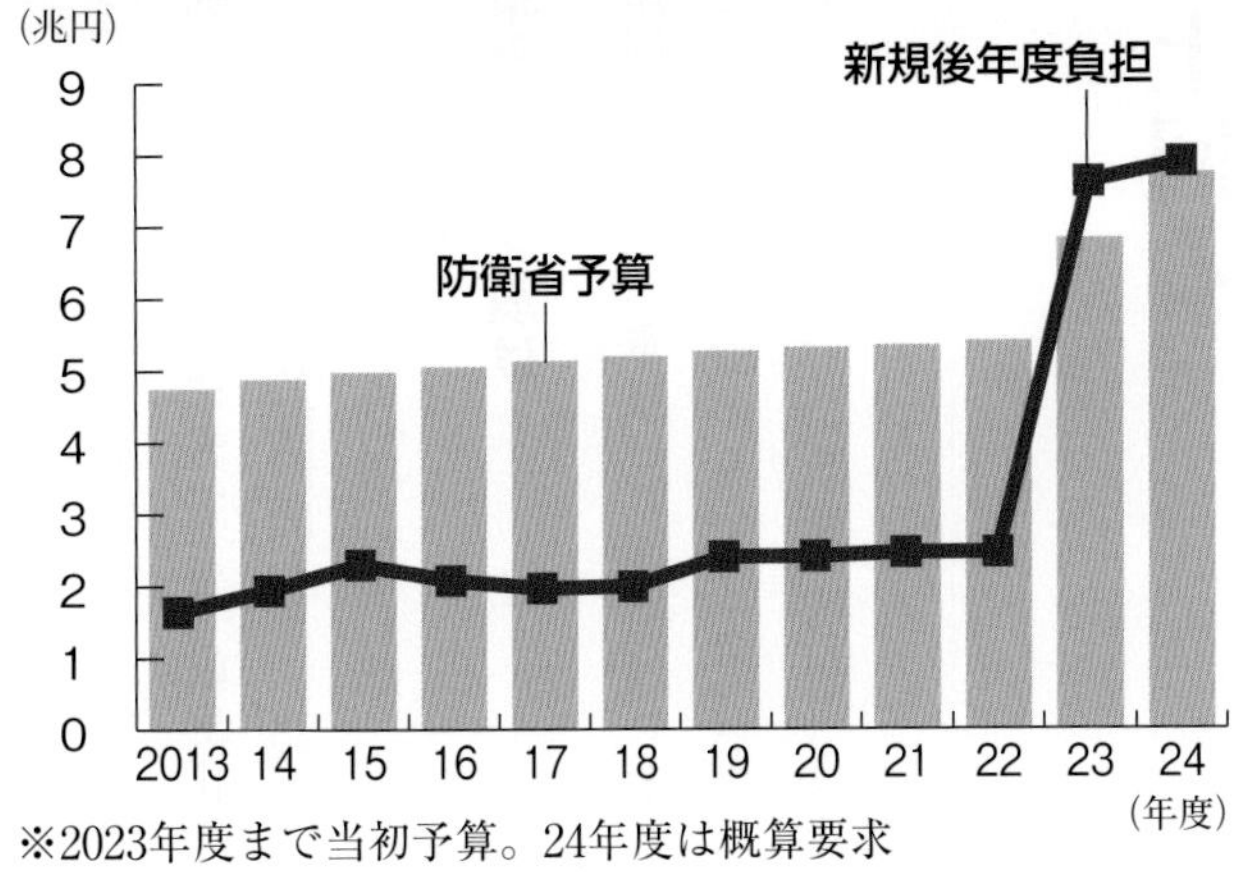

※2023年度まで当初予算。24年度は概算要求

軍事費青天井に

顕著に増加しているのが、米政府の武器輸出制度「有償軍事援助（ＦＭＳ）」です。２０２４年度予算案では、ＦＭＳ契約額は９３１６億円に上りました。トマホーク４００発などを購入し、過去最大となった23年度比では減少しましたが、過去2番目の規模です。

ＦＭＳは、価格が米国の「言い値」で前払いが原則、納期も米国の裁量という不公平な制度です。過去に会計検査院も未納入や未精算、高価格などを問題視しています。ＦＭＳの増加が、軍事費を青天井に増加させる要因となっています。

ＦＭＳの契約額は、12年末に発足した安倍政権下で急増していきました。トランプ前米政権からの「バイ・アメリカン（アメリカ製品を買え）」という圧力のためです。岸田政権はこの路線を受け継ぐだけでなく、安保3文書の閣議決定を受けて、さらに強化してＦＭＳを膨らませています。

これに伴って、新たなツケ払いとなる「新規後年度負担」も急増しています。24年度予算案では7兆9076億円に上り、過去最大を更新。防衛省予算案（約7兆9496億円）と並ぶ規模となりました。

新規後年度負担は、高額兵器の購入や自衛隊施設の整備の際に、複数年度にわたって支払いをするため、翌年度以降に計上される軍事ローンです。すでに軍事ローンが軍事費を押し上げている要因になっています。24年度予算案で、過去の契約のローン返済に充てる「歳出化経費」が3兆9480億円に上り、23年度比で約1・3兆円も急増しました。

軍事ローン漬け

岸田政権は、〝軍事ローン漬け〟とも言える国家財政のゆがみを今後もさらに拡大させようとしています。安保3文書の一つ**防衛力整備計画**には5年間で43兆円の軍事費増額が盛り込まれただけでなく、28年度以降も23～27年度に契約した兵器購入費のうちローン支払いが16・5兆円となると見積もっています。

軍事費増大の弊害が28年度以降にも及ぶことになり、社会保障や教育などの予算を圧迫することは必至です。将来に禍根を残す大軍拡はストップさせなければなりません。

軍事費、国交・文科予算上回る

震源地は米国

2024年度予算の概算要求時点（23年8月）では、軍事費が7・7兆円と初めて7兆円台に達し突出して伸びています。省庁別にみると、防衛省の予算規模は厚生労働省、地方交付税を所管する総務省に次いで3番目になりました。

民主党政権時代の13年度概算要求では、防衛省の予算は厚労、総務、文部科学、国土交通各省に次いで5番目でした。24年度と13年度を比べると文科省予算の低迷が深刻です。全体の要求額は約15%増加しているにもかかわらず、文科省の要求額は微減。予算規模も3位から5位に下がっています。

15～23年度の間では軍事費は1兆8100億円増えましたが、文教科学振興費は約570億円増にとどまり、中小企業対策費などは減少しています。（グラフ）

「日本政府の大胆な決断を支持する」――。オースティン米国防長官は23年10月5日（日本時間）の日米防衛相会談で、国内総生産（ＧＤＰ）比２％への軍事費増額に触れ、こう称賛しました。

国家予算をゆがませるほどの大軍拡の震源地は米国です。中国との大国間競争に打ち勝つため、同盟国を大動員する戦略を掲げ、日本を含むすべての同盟国に、北大西洋条約機構（ＮＡＴＯ）基準であるＧＤＰ比２％への軍拡を要求。岸田政権はこれに従い、従来のＧＤＰ比１％から27年度までに一気に２％＝２倍に押し上げようとしています。

軍拡推進の最大の口実は「中国脅威論」です。それを端的に示すのが、防衛省の研究機関である防衛研究所が出した「東アジア戦略概観２０２２」です。

同書は東アジアにおける「防衛支出のシェア」が00年は日本が38％でトップだったのに対し、20年では中国が65％と圧倒し、日本は17％まで低下したと指摘。攻撃側は防御側に対して３倍の兵力が必要となる「攻者３倍の法則」を持ち出し、中国の３分の１を目安にした場合「防衛費は10兆円程度もあり得る」と軍拡を迫りました。

さらに、10兆円の規模について「日本の財政状況が厳しいことは周知の事実だが、（増額分の約４兆円は）支出全体が約２・２％増加するに過ぎない」と軽視。①財政破綻のリスクを負って軍事費を増やす②財政を重視し、抑止破綻のリスクを負う――という「どう喝」ともとれる二者択一を迫っています。

こうした論理に立てば、中国の軍拡が続く限り、日本は国民生活を犠牲にして際限なく軍拡を続けなければなりません。第３の選択肢である平和外交で軍縮を実現させることこそ現実的です。

経費別予算の推移（2015年度を0とした場合）

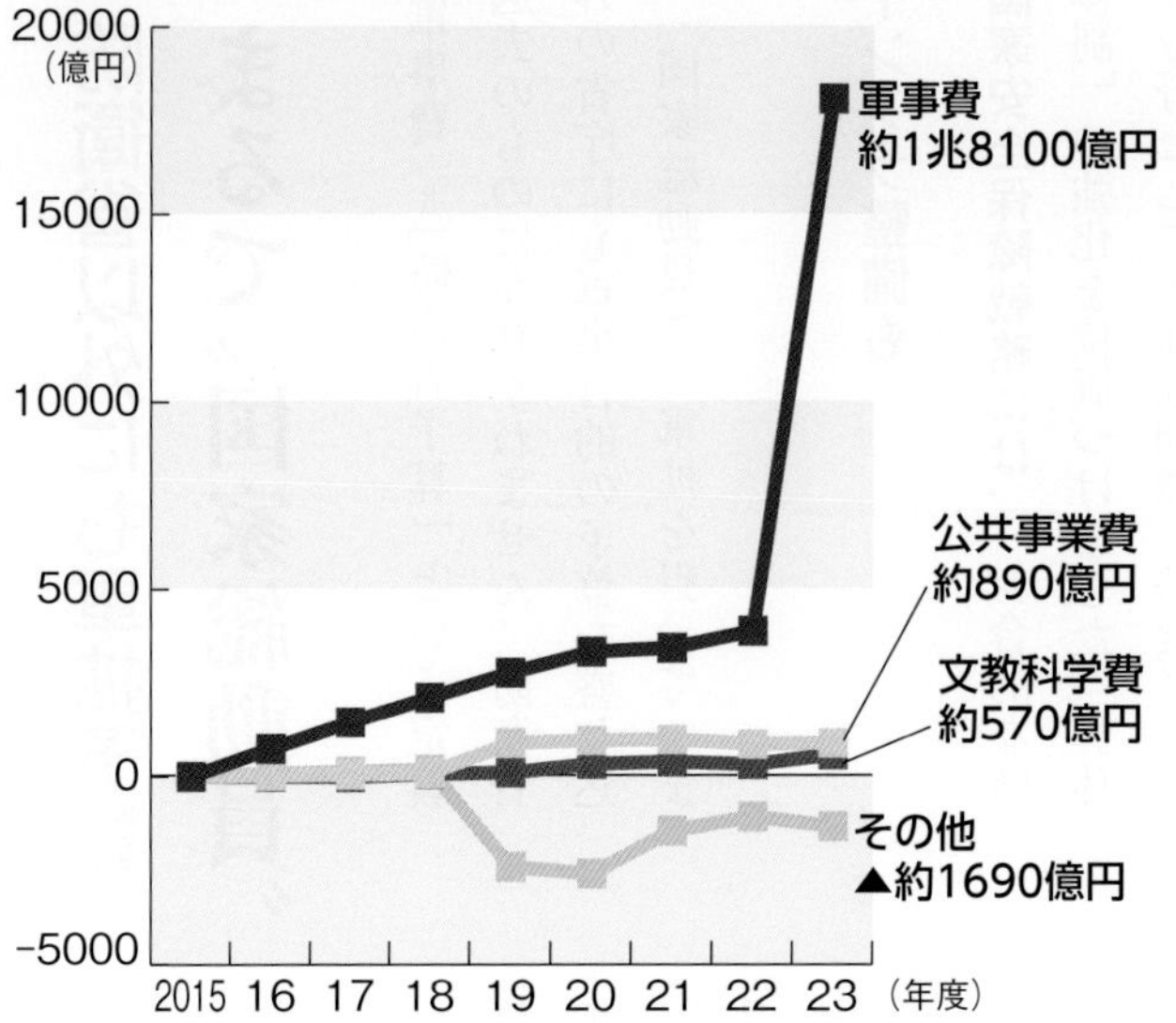

※財務省資料から作成
その他は、中小企業対策費、エネルギー対策費、食料安定供給費など

省庁別の概算要求額の上位５位

	【2013年度】		【24年度】	
１位	厚生労働省	30.1%	厚生労働省	29.5%
２位	総務省	17.9%	総務省	15.6%
３位	文部科学省	6.1%	防衛省	6.7%
４位	国土交通省	5.4%	国土交通省	6.3%
５位	防衛省	4.7%	文部科学省	5.2%

※％は、要求額全体に占める比率

防衛省以外にも軍拡予算
まるで〝国家総動員〟

「軍事費」＝「防衛省予算」という定義が過去のものになりかねません。防衛省以外の省庁にも軍事目的の予算を盛り込み、「国家総動員」で軍拡を狙っています。

インフラ整備も

国家安全保障戦略には、「総合的な防衛体制」の強化を位置づけました。具体的な分野として①研究開発②公共インフラ整備③サイバー安全保障④抑止力向上のための国際協力――の四つを明記。省庁間での連携の強化を盛り込みました。

「縦割りを打破し、総合的な防衛体制を強化する」――。松野博一官房長官は2023年8月に開かれた関係閣僚会議でこう呼びかけました。同会議では、研究開発と公共インフラ整備がテーマになりました。

研究開発では、各省庁が所管する民間技術の中で、軍事力強化に資する技術を「重要技術課題」と整理。ミサイルの軌道予測に使われる「ＡＩ（人工知能）・情報処理」、ドローン技術などの「無人化・省人化」、ミサイルを極超音速で飛行させる「機械」など9分野を挙げました。

永岡桂子文部科学相は「国研（国立研究開発法人）で、総合的な防衛体制強化に向けた研究を進めるため、適切な環境を整えるのが重要だ」と述べるなど、国を挙げて科学技術のデュアルユース（軍民両用）推進を狙っています。

公共インフラでは、有事の際の部隊展開など軍事利用できる施設を「特定重要拠点空港・港湾（仮称）」として整備する方針を表明。浜田靖一防衛相は「平素から自衛隊による円滑な利用の確保が極めて重要だ」と述べ、有事だけでなく平時からの軍事利用も狙っています。

中国を念頭に沖縄・九州に整備を重点的に進めるとみられ、沖縄県与那国島の新たな港湾整備や、同県宮古島の空港滑走路延長などが検討されていると報じられています。全国各地を自衛隊・米軍の軍事拠点とし、相手の反撃で周辺住民に被害をもたらす危険が高まります。

なりふり構わず

24年度予算案にも、「総合的な防衛体制の強化」をはじめとする軍事に関連する予算が多くの省庁で盛り込まれています。

外務省は「同志国」軍に武器を無償供与する「政府安全保障能力強化支援（ＯＳＡ）」に50億円を計上。「同志国の抑止力向上」を名目に、〝中国包囲網〟の構築を狙う制度です。

国土交通省は、総合的な防衛体制強化に資する公共インフラ整備を明記。24年3月までに軍事利用する空港、港湾を特定する意向です。

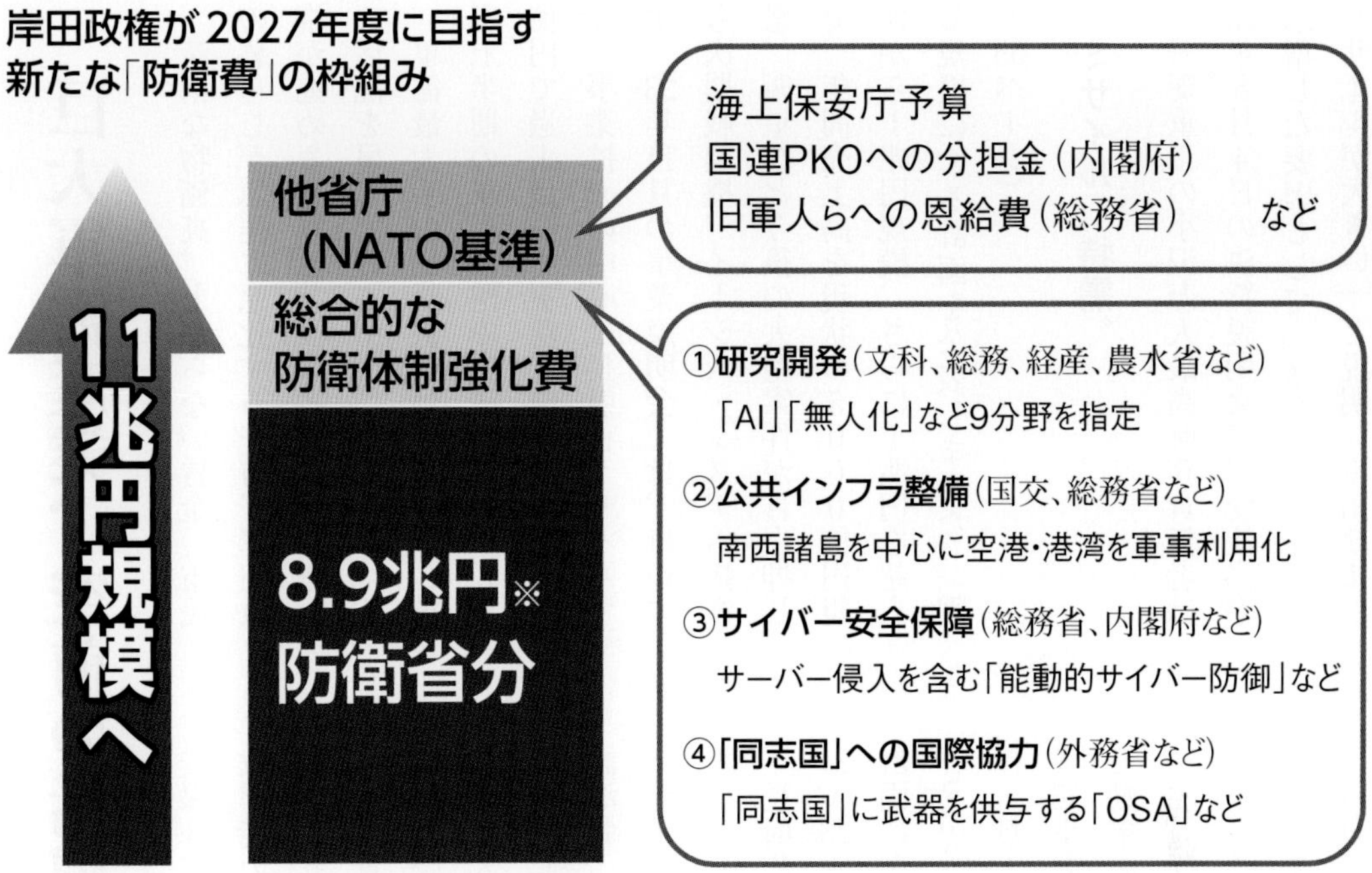

※安保３文書の一つ「防衛力整備計画」の対象経費

文科省は、敵基地攻撃やミサイル迎撃に使われる「衛星コンステレーション（小型衛星群）」の技術開発、**総務省**は「サイバーセキュリティの確保」に関する経費を計上しました。

内閣府は、半導体などの経済安全保障上の重要物資の確保や自衛隊・米軍基地の周辺住民を監視する土地利用規制法の実施に関する経費を盛り込んでいます。

　岸田文雄首相は、22年の日米首脳会談やNATO（北大西洋条約機構）首脳会談で、軍事費を27年度までの5年以内に国内総生産（GDP）比２％＝11兆円規模に倍増させると対外公約しました。この〝目標〟達成のため防衛省予算を約８・９兆円に引き上げるのと同時に、軍事費の「NATO基準」を採用し、「総合的な防衛体制」の強化費用に加えて、海上保安庁予算や国連平和維持活動（PKO）分担金、旧軍人らへの恩給費などを加えます。

　こうした大軍拡推進のために、いずれ大増税は避けられません。

　教育、子育てをはじめ国民生活には冷たい一方で、「軍事費倍増」という対外公約のためなら、なりふり構わず財政を最優先で分配する――。岸田政権に国家財政のかじ取りを任せることはできません。

巨大軍需産業、空前の活況

深刻な物価高、上がらない賃金。市民の暮らしが急速に悪化する一方、岸田政権が進める大軍拡で巨大軍需産業は空前の活況を呈しています。

軍需最大手の三菱重工は、2023年度上半期の軍事部門の受注高が9984億円で過去最高を更新。前年度の約5倍で、事業拡大の中心は長射程ミサイルです。23年11月の事業説明会では、ほかにも次期戦闘機、イージス・システム搭載艦、衛星など今後の大型案件が目白押しで、年間売上高を現状の5000億円規模から1兆円規模、さらに1兆円を超える規模にする計画を公表しました。（**図**＝65ページ）

ミサイル〝特需〟

三菱重工の小沢寿人最高財務責任者は23年8月4日の決算説明会で、受注高が急増した要因として「スタンド・オフ・ミサイルが大きい」と説明。岸田政権が安保3文書に基づき導入を進める敵基地攻撃能力＝長射程ミサイルによって特需が発生していると認めました。

三菱重工は長射程ミサイル開発を一手に引き受けています。同社と防衛省は、23年に入り、12式地対艦誘導弾能力向上型や島しょ防衛用高速滑空弾、極超音速誘導弾、潜水艦発射型誘導弾の4種類のミサイル開発・量産を一気に契約しました。

長射程ミサイルだけではありません。21～23年度の事業計画では、**防衛力整備計画**に関する事業として▽迎撃ミサイル「SM3ブロック2A」の開発▽無人機・無人車両技術▽新型護衛艦の建造▽戦闘車両の開発・量産▽戦闘機やヘリの可動率向上にむけた業務支援――を列挙。「防衛のリーディングカンパニー（中核企業）として幅広く取り組む」と強調します。

防衛省の中央調達（武器や燃料などの購入）も増加傾向です。ここ数年、米国からの武器輸出が急増していますが、これと並行して三菱重工の契約額も伸長。21年度は4591億円と近年で最も高く、22年度も3652億円と高水準が続きました。小沢氏は決算説明会で「今後5年間の売上高成長のけん引役は、防衛が筆頭だ」と株主に宣言しています。

死の商人国家に

海外企業も日本に狙いを定めています。23年3月に千葉市の幕張メッセで開かれた武器見本市「DSEIジャパン」には、前回より5割多い250社、65カ国が参加しました。軍服やスーツ姿の軍事関係者が続々と押し寄せる会場で、注目されたのは日英イタリアが共同開発する次期戦闘機計画（GCAP）でした。

その会場でウォレス英国防相は「GCAPは今後数十年にわたって続くプログラムで、巨大な経済権益をもたらす」と発言。次期戦闘機は、航空自衛隊F2戦闘機（約90機）と欧州・中東9カ国に配備しているユーロファイター・タイフーン（約７００機）の後継機です。日本からは三菱重工、三菱電機、ＩＨＩが参加。世界有数の軍需企業である英国のＢＡＥシステムズ、イタリアのレオナルドなどと共同で開発します。

　政府与党は、武器輸出のルールを定めた「防衛装備移転三原則」と運用指針を見直し、次期戦闘機の直接第三国への輸出を可能にすることを狙っています。代表的な「殺傷兵器」である戦闘機の輸出を解禁し、巨額の利益を得る――。日本は「死の商人国家」に転落します。

中央調達における契約者上位10位（2022年度）

順位	契約者	金額
1	米国政府	3692億円
2	三菱重工	3652億円
3	川崎重工	1692億円
4	日本電気	944億円
5	三菱電機	752億円
6	富士通	652億円
7	東芝インフラシステムズ	363億円
8	IHI	291億円
9	小松製作所	274億円
10	日本製鋼所	254億円

※山添拓参院議員事務所に提出された防衛省資料から作成

三菱重工の中央調達、契約額の推移

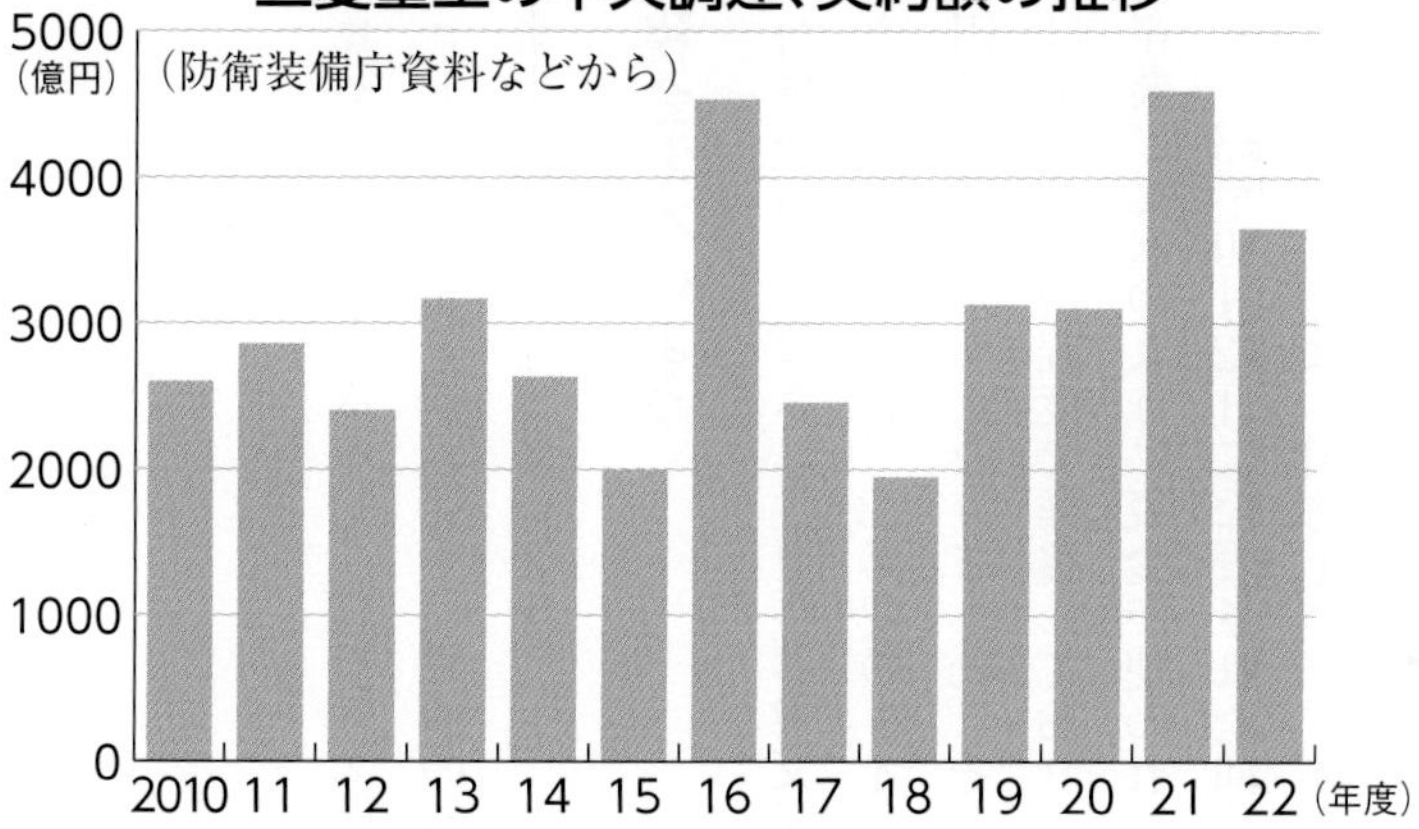

三菱重工の年間売上高の計画

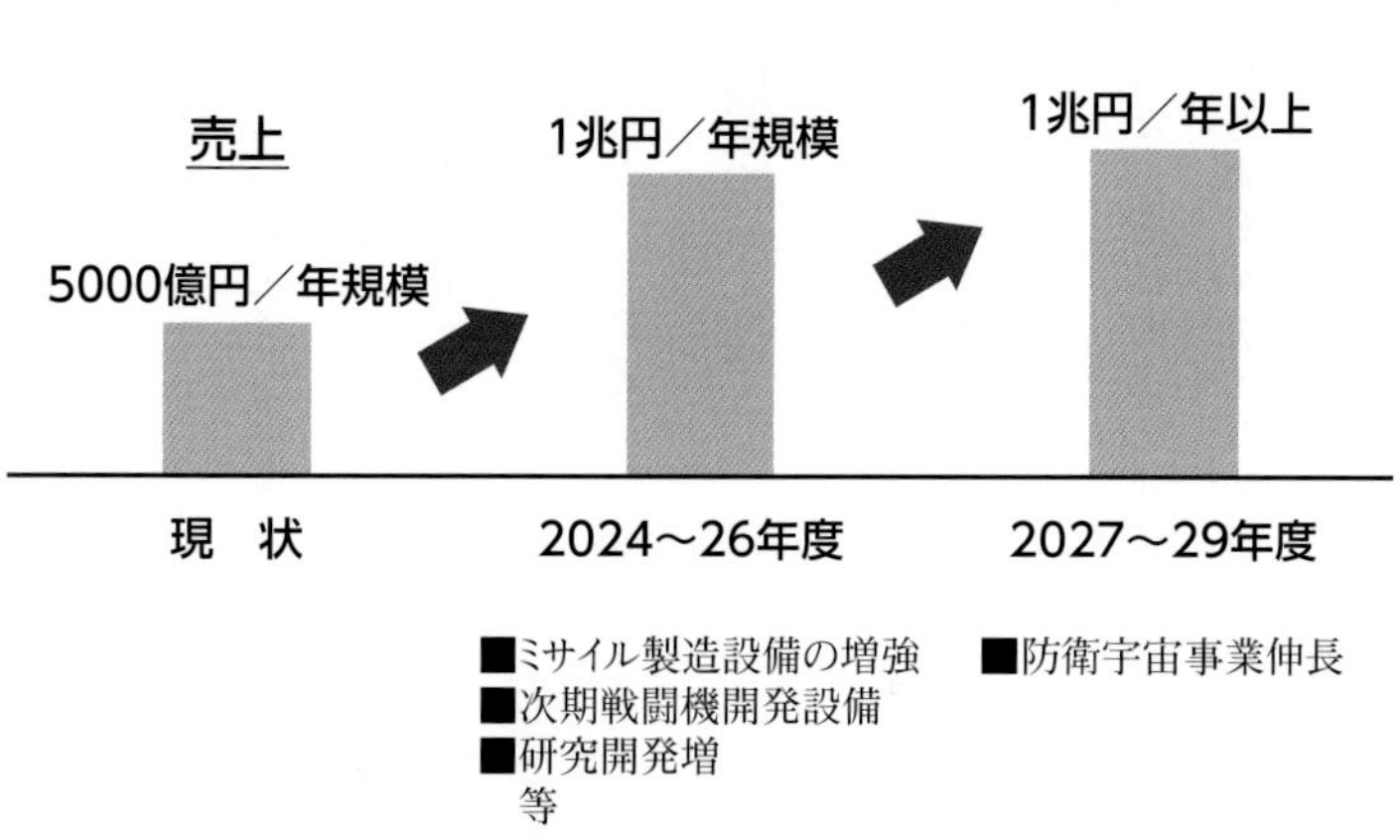

※三菱重工「防衛事業説明会」（2023年11月）資料から

「軍事依存企業」創出
あらゆる手段で支援方針

軍需産業は「防衛力そのもの」――。岸田政権は安保3文書でこう位置づけ、利益確保や販路拡大、国有化などあらゆる手段で軍需産業を支援する方針を示しました。その果てに狙っているのは「軍事依存大企業」の創出です。

２０２３年10月に施行された軍需産業支援法は、軍需企業の撤退が相次いだのを受け、採算がとれず事業が継続できない製造施設の国有化を可能とします。「早期に事業者に譲渡するよう努める」と規定しますが、引き取り先が見つからなければ、国が長期間保有を続けることになります。戦前の国営兵器工場「工《こう》廠《しょう》」の復活につながりかねない動きです。

また、企業の製造ラインの効率化やサプライチェーン（供給網）の強化、事業承継などを支援。武器輸出企業を助成する基金を創設するなど広範な支援メニューを盛り込んでおり、「究極の軍需産業支援策」となっています。

税金湯水のよう

24年度予算案で、軍需産業の支援に９２０億円を計上し、23年度の１４６３億円に次ぐ高水準となりました。それまでは１００億円程度で推移しており、軍需産業に湯水のように税金が使われています。23年10月12日に公表された同法に関する基本方針は「国防を担う重要な存在だという認識を強く持ち、主体的に取り組むことを期待する」とハッパをかけました。

さらに、欧米の軍需企業は軍事部門が主要な事業である一方で、国内企業は全体に占める軍事部門の売り上げが1割未満にとどまると問題視。「依存度が高い企業が主体となった防衛産業の構築が重要だ」と指摘しました。

スウェーデンのストックホルム国際平和研究所（ＳＩＰＲＩ）の21年の調査（表＝67ページ）によると、売り上げ全体に占める軍事事業の売上高の割合は、米ロッキード・マーチン社で90%、レイセオンは65%に上ります。一方で三菱重工は12%、川崎重工は18%です。

親軍的な企業に

戦前に兵器の生産や開発を担ってきた工廠や軍需企業は、敗戦後に解体されました。その後、再軍備とともに復活しましたが、憲法9条の下で本格的な軍需企業の形成にいたっていませんでした。

山口大の纐纈《こうけつ》厚名誉教授は「軍事への依存度が高まれば企業の体質も変えてしまう」と指摘します。第1次世界大戦中の１９１８年の「軍需工業動員法」によって民間企業も兵器をつくるようになり、「親軍的な企業がどんどん増え、政治的な影響力を増した。その行きつく先は外交不在の軍事大国だ」と警鐘を鳴ら

世界の軍需企業の軍事依存度（2021年）

順位	企業名	国名	武器販売額	依存度
1	ロッキード・マーチン	米国	603億ドル	90%
2	レイセオン	米国	419億ドル	65%
6	BAE システムズ	英国	260億ドル	97%
12	レオナルド	イタリア	139億ドル	83%
35	三菱重工	日本	44億ドル	12%
54	川崎重工	日本	24億ドル	18%
89	IHI	日本	12億ドル	11%

※依存度は、総売上高に占める軍需部門の売上高の割合
ストックホルム国際平和研究所（SIPRI）の資料から作成

武器見本市「DSEIジャパン」に出展する三菱重工のブース＝23年3月16日、千葉市

します。

財界は、国が主導して武器輸出を拡大させることを要望しています。経団連が2022年4月に出した提言で、武器輸出の推進には政府主導の交渉が必要だとして、「政府首脳へのトップセールス」や「政府間交渉や情報収集」などを要求。さらに日本政府が外国政府から発注を受けて、企業が納品する「日本版FMS制度」の創設検討を求めています。

武器輸出拡大に向けた与党実務者協議では、参加した国会議員が「防衛産業のメーカーだけじゃ何もできない。相手国のニーズや情報収集は国がやり、チームとしてやるのが大事だ」と述べるなど、財界の要求に呼応した発言も出ています。

市民から反対も

こうした動きに市民からも反対の声が上がっています。学者やNGO関係者など22氏が23年10月3日、殺傷兵器の輸出に反対する共同声明を発表。「死の商人国家への転落は許容できない」と強調し、次期戦闘機の開発中止、軍需産業支援法の廃止などを求めました。政府は軍拡や武器輸出ではなく、憲法9条を生かした軍縮、平和外交を実践すべきです。

米国言いなり政治の転換を

「戦後最悪」といわれた安倍政権でさえ実現できなかった、違憲の敵基地攻撃能力の保有に着手し、軍事費の2倍化に向けた大軍拡予算や軍拡財源法を強行した岸田政権。その最大の動機となったのは、同盟国に最大限の貢献を求める米国の対中戦略です。このままでは、日米同盟は「対中国同盟」に変質してしまいます。元外交官からも、アメリカ一辺倒の安保政策は「国益を失う」と懸念が出ています。

岸田大軍拡　対中戦略に従属

米国は２０２２年10月に公表した新たな国家安全保障戦略で、中国を「最大の戦略的挑戦」と位置づけ、同盟国・同志国の力を総結集して対抗する「統合抑止」を打ち出し、戦略の中心に位置づけました。米国が、自国の安全保障戦略に、これほど同盟国の役割強化を位置づけたのは異例。裏を返せば、それだけ米国の力が低下したということです。

日本が突出

バイデン米政権は21年1月の就任以来、▽日米豪印の枠組み（クアッド＝ＱＵＡＤ）▽米英豪の枠組み（オーカス＝ＡＵＫＵＳ）▽北大西洋条約機構（ＮＡＴＯ）加盟国軍のインド太平洋地域への展開▽米主導の新たな経済圏構想「インド太平洋経済枠組み」（ＩＰＥＦ）――など、「中国包囲網」と言える同盟国の大動員を進めてきました。

とりわけ、米国が重視しているのが日本です。考えられる理由は3点。①世界最大規模の米軍基地網が置かれている②米中軍事対立の最前線である「第1列島線」に位置しており、出撃拠点になる③そして、世界でも突出した「アメリカ言いなり」の国だからです。

それを体現したのが岸田文雄首相でした。就任後、最初の演説で、歴代首相として初めて敵基地攻撃能力の保有検討を表明（21年12月）。翌年5月の日米首脳会談では、国民に何の説明もないまま、軍事費の2倍化＝国内総生産（ＧＤＰ）比2％への引き上げを念頭に、5年以内の「防衛力強化」と軍事費増額を公約。22年12月に閣議決定した安保3文書で、国会での議論を一切拒否したまま、敵基地攻撃能力の保有や、先制攻撃を前提とした米国の攻撃システム「統合防空ミサイル防衛（IAMD）」の導入に踏み込むなど、国民も国会も後回し、米国最優先で安全保障政策の大転換を行いました。

会談する岸田文雄首相とバイデン米大統領
＝23年5月18日、広島市内

同盟のハブ

安保3文書の最上位文書である**国家安全保障戦略**は、中国に関して、米国の戦略と全く同じ「最大の戦略的挑戦」という文言を採用。また、日本の防衛戦略の基本文書だった「防衛計画の大綱」を米国と同じ**国家防衛戦略**に改称しました。米国の安保戦略への全面的な従属です。

NATO首脳会議に出席する岸田文雄首相（左から2人目）
＝23年7月12日、リトアニア

さらに、NATOは東京への連絡事務所開設を狙っています。すでにNATO加盟のイギリス、ドイツ、カナダなどの艦船・航空機がインド太平洋に展開するため、相次いで日本に寄港・飛来。連絡事務所は、こうした動きを円滑に進めるためのものです。今後、日本は米国やその同盟国の、対中戦略のハブになる危険があります。

対中国、米の姿勢に変化も

こうしたアメリカ言いなり政治の下、国民に深刻な矛盾が押しつけられています。

最大の犠牲を強いられているのが、沖縄県民です。先島諸島への自衛隊基地建設が相次いで強行され、沖縄本島を含め、敵基地攻撃能力である長射程ミサイルの配備が狙われています。中国との軍事衝突が発生すれば、自衛隊は事実上、米軍の指揮下で敵基地攻撃を行い、沖縄は真っ先に戦場となります。戦火はさらに全土に広がり、破滅的事態がもたらされます。

　軍事費の確保をめぐって、岸田政権は東日本大震災の復興財源、医療・年金財源、さらに建設国債など、〝禁じ手〟を使って異次元の大軍拡を強行しようとしています。その一方、子ども子育て予算の財源は年末まで先送り。国際的にみても異常な高学費は手つかずのままです。

「核兵器のない世界」の実現をめぐっても、岸田政権は23年5月の主要国首脳会議（G7広島サミット）で発表した文書（核軍縮に関するG7首脳広島ビジョン）で、核廃絶を「究極」のかなたに追いやり、「核抑止」を全面的に肯定。被爆者の願いをふみにじり、核抑止を「国家の最優先事項」と位置づける米国の意向を最優先しました。

対話モード

　ところが、日本が国民無視の対米貢献にひた走っている中、当の米国は中国への対応を変えつつあります。

ミサイル基地開設に抗議する市民ら＝沖縄県石垣市

　バイデン氏は23年5月21日、G7サミット終了後の記者会見で、「（米中の）雪解けは近い」と表明。これに先立つ5月11日、サリバン米大統領補佐官がウィーンで中国外交のトップ・王毅共産党政治局員と会談しています。さらにブリンケン国務長官は5月18日、バイデン政権の閣僚として初めて訪中し、中国の秦剛外相と会談。11月15日、バイデン氏と習近平・中国国家主席との会談が実現しました。

　こうした動きをめぐり、田中均元外務審議官は、「米国は安全保障面での厳しい対応は何ら変えていないが、24年の米大統領選をみすえ、少なくとも経済面では対話モードに切り替えたという、相反する動きになっている」と指摘。「対中貿易の比重をみれば、米国より日本の方が圧倒的に高い。国の未来を考えれば、真っ先に中国と対話しなければならないのは日本だ」と訴えました。（6月6日、非営利法人『言論NPO』のフォーラムで）

　さらに、「米国の動きの変化をよく見ながら、軍事一辺倒のやり方を変えるべきだ。そうしなければ、日本が中国の最大の攻撃目標になりかねない」と警鐘をならしました。

　中国をめぐっては、フランスがNAT

フィリピン海で共同訓練する日米仏カナダ4カ国の艦船。日本からは護衛艦「いずも」、米軍は原子力空母2隻＝ロナルド・レーガン、ニミッツが参加＝23年6月9日（米海軍ウェブサイトから）

Oの東京事務所開設に反対。当初の狙いだった23年中の開設は見送られました。

共通の土台

日本共産党は23年3月30日に日中関係の打開のための提言を発表。両国政府の間に存在する三つの「共通の土台」（1）08年の日中首脳会談の「共同声明」の「互いに協力のパートナーであり、互いに脅威とならない」との合意（2）14年の尖閣諸島等東シナ海の緊張を「対話と協議」で解決するとの日中合意（3）東南アジア諸国連合（ASEAN）が提唱する「ASEANインド太平洋構想」（AOIP）に対して、日中両政府が賛意を示していること――に着目し、それらを生かして外交努力を図ることを提起しました。

同日に志位和夫委員長が岸田文雄首相と、5月4日に中国の呉江浩大使と会談し、「提言」の内容を申し入れ。外交官や経済界など、幅広い層から賛同の声が上がりました。

志位氏は6月12日、日本外国特派員協会での会見で、日中の対立要因の一つとして、米国の対中国軍事包囲網の動きに日本が従属・拘束されていることがあると指摘し、「この道を進めば、世界と地域の軍事的対立と分断がより深刻になる。この姿勢を見直すことが大切だ」と述べました。

岸田文雄首相（右）に申し入れる志位和夫委員長＝23年3月30日、国会内

日米安保　日本守るどころか戦場化
在日米軍の口実「抑止力」破綻

日米安保体制を正当化する最大の口実は「米軍は日本を守る抑止力」という主張です。そもそも在日米軍は地球規模の海外遠征を主任務としており、「日本防衛」とは無縁の部隊です。その上、対中国包囲網構築を狙い、日本の国土を足場にたたかう体制を着々と構築しています。安保が日本を守るどころか、逆に戦火をもたらす現実を直視すべきです。

百里基地の滑走路上空を低空で飛行するF35A。あわせて12機が飛来した＝23年7月7日、茨城県小美玉市

2023年7月7日、民間機が離着陸する中、軍民共用の航空自衛隊百里基地（茨城県小美玉市）に、米軍嘉手納基地（沖縄県嘉手納町など）を経由してきたF35Aステルス戦闘機12機が相次いで飛来しました。米軍の大規模演習「ノーザン・エッジ」の一環です。米太平洋空軍は、同演習の目的を「迅速展開運用（ACE）能力を高める」ためだとしています。

ACEとは、航空部隊を分散させて機動的に展開し、残存性を高める戦術です。念頭にあるのは、中国との軍事衝突です。同国のミサイル能力が飛躍的に高まり、日本列島は完全に射程圏内に。このため、米側では一時、「有事」の際には主要部隊をグアムやハワイまで下げる考えが主流でした。

しかし、それでは敵に航空優勢を奪われたままになります。そこで、敵の「脅威圏内」にとどまって戦闘を継続するために採用されたのがACEです。主要基地が破壊されても、自衛隊基地や民間空港に展開し、拠点を次々に変えることで、攻撃の的を絞らせないというものです。

「分散」型の作戦は米海兵隊も具体化を進めています。23年1月の日米安全保障協議委員会（2プラス2）では、在沖縄米海兵隊の一部を改編し、「第12海兵沿岸連隊」（MLR）を創設すると発表。同年11月に創設されました。MLRは「遠征前進基地作戦」（EABO）の中核

有事における島外避難のイメージ

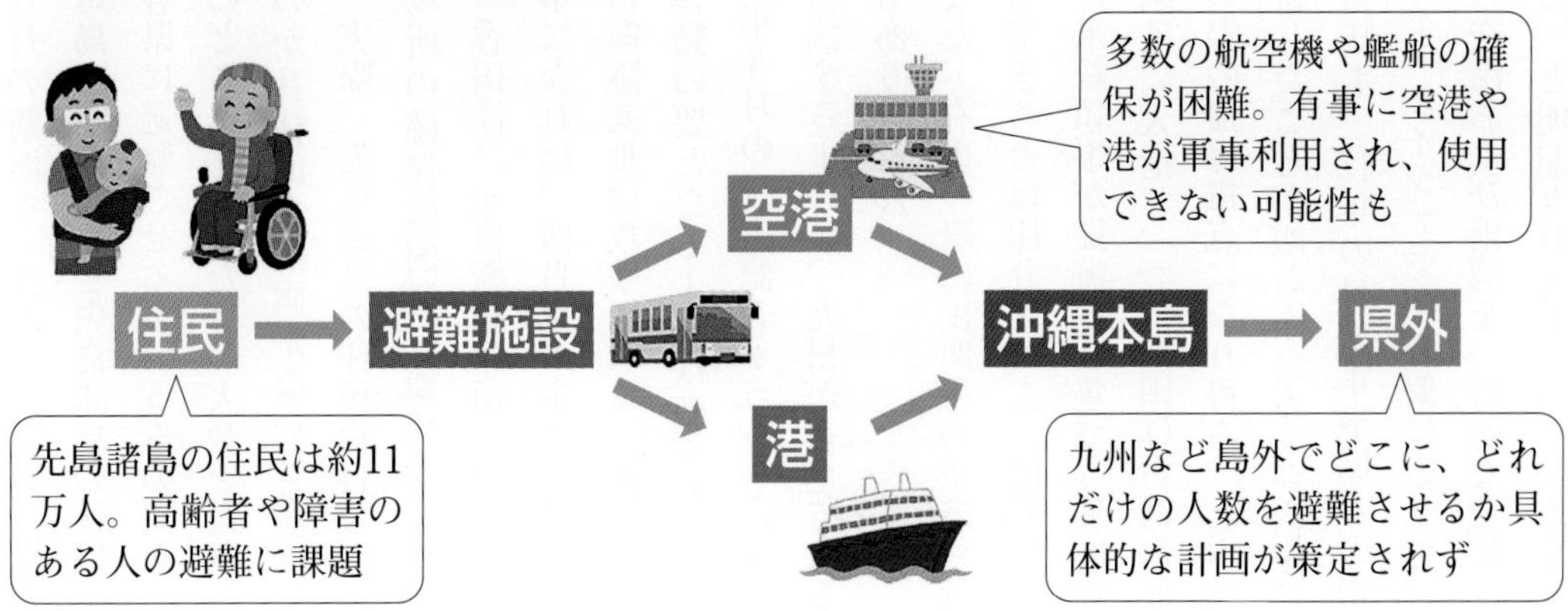
多数の航空機や艦船の確保が困難。有事に空港や港が軍事利用され、使用できない可能性も
住民
避難施設
空港
港
沖縄本島
県外
先島諸島の住民は約11万人。高齢者や障害のある人の避難に課題
九州など島外でどこに、どれだけの人数を避難させるか具体的な計画が策定されず

を担う部隊です。EABOは、沖縄を含む南西諸島の離島や沿岸部に小規模の部隊を分散配置し、戦闘機の前進拠点の構築や、地対艦ミサイルなどで中国軍を攻撃するなどの作戦です。攻撃を行えば、すぐに移動し、反撃をかわします。これも、「脅威圏内」での戦闘を想定したものです。

米軍の動きと一体に、自衛隊も国土の「戦場化」を想定した体制づくりを急いでいます。岸田文雄政権が強行した安保3文書のもと、米中軍事対立の最前線である南西諸島に敵基地攻撃能力＝長射程ミサイルの配備を進めており、これらミサイル網を、先制攻撃を前提にした米軍の「統合防空ミサイル防衛」（IAMD）に組み込もうとしています。そして、敵の報復攻撃を想定し、生物・化学・核兵器といった、あらゆる攻撃に耐えられるよう、基地の「強靭化」を進めているのです。

米中戦争が起これば、日米安保体制のもとで世界最大規模の海外基地網が置かれ、地理的にも最前線に位置する日本が戦場になることは避けられません。そうした事態でも、米軍や自衛隊は生き残ることを考えています。

避難無計画

では、この国に住む民間人はどうなるのか。政府は、国民保護法に基づき「国民保護計画」の策定を自治体に義務づけ、有事に住民避難を行わせようとしています。しかし、有事になれば数万、数十万人規模の住民の避難が必要となるため、実行可能な国民保護計画はつくられていません。

沖縄県石垣市の資料によると、航空会社が保有する航空機や航空施設を最大限活用したとしても、全住民の避難には航空機435機で約10日間かかると試算。同県宮古島市は、住民避難に航空機381機が必要だと試算しました。しかし、この試算には台湾からの避難民が含まれておらず、さらに日数と移動手段が必要となります。

その上、避難後の対応にも問題が。中京大の佐道明広教授（安全保障論）は23

年6月の講演で、現在の政府の計画は、石垣島や宮古島など先島諸島の住民を九州各県に避難させるというものだが、九州のどこに、どれだけの人数を避難させるのか具体的な計画がないと指摘します。実際、先島諸島の住民約11万人の避難場所の確保は困難を極めます。その上、香田洋二元自衛艦隊司令官が「台湾有事になれば、西日本の主要なインフラや自衛隊基地は攻撃される。例えば米軍の移動の要となるJRは必ずやられる」（23年3月の日本記者クラブでの会見）と指摘するように、九州が安全である保証もありません。

　また、有事の際に民間用の空港や港が使用できるとは限りません。07年にメア在沖米総領事が掃海艇2隻で与那国島の祖納港に入港し、「与那国は台湾海峡有事の際の掃海拠点になり得る」と本国に報告したことが明らかになっています。佐道氏も、15年の日米軍事協力の指針（ガイドライン）で「必要に応じて、民間の空港および港湾を一時的な使用に供する」と明記されており、「港や空港は軍事利用されている場合、どこから避難するのか議論されていない」と指摘しました。

近隣には民家（手前）もある柏崎刈羽原発（奥）

原発は標的

ロシア軍によるウクライナ南部のザポロジエ原発攻撃は、改めて原発が戦争の標的となることを示しました。岸田首相は、「ウクライナは明日の東アジア」などと危機をあおって大軍拡を推進しながら、一方で原発の延命・新増設まで進めています。

　環境経済研究所の上岡直見代表は、変電施設や送電線が破壊されて冷却機能が失われれば、福島第一原発事故と同じような事故につながる恐れがあると指摘。柏崎刈羽原発（新潟県）や、東海第二原発（茨城県）が攻撃されれば「福島原発事故以上の被害をもたらす」と警告します。

　また、ウクライナ側が23年7月5日にザポロジエ原発の原子炉の屋根に「ロシア軍が爆発物を仕掛けた」と主張し、緊張が高まったことを挙げ、「逆に言えば、このような小規模な攻撃でも原発の重大事故を引き起こすことが可能。少人数のゲリラ部隊でも可能で、防ぐのは難しい」と語ります。

　相手を上回る軍事力で攻撃を思いとどまらせるのが「抑止力」だとされています。しかし、米中の軍事衝突が発生すれば、日本への攻撃を想定せざるを得ません。裏を返せば「抑止」の破綻は必然であり、在日米軍が存在する口実は破綻する運命にあるのです。選択肢はただ一つ。戦争に備えることではなく、戦争させないための外交であり、戦争を可能にする軍拡をやめることです。

大軍拡の裏に米要求
ＧＤＰ２％「同盟国の下限」

「軍事費を増やすよう、私がキシダを説得した」――。バイデン米大統領は２０２３年6月20日の米カリフォルニア州内での支持者の集会で、岸田政権による5年間で43兆円もの空前の大軍拡を自身の成果としてアピールしました。その後、日本側の抗議で発言の「訂正」を表明しましたが、当初の発言はそのまま削除されず、今もホワイトハウスのウェブサイトで閲覧可能です。

そもそも米国はなぜ日本に軍事費を増やせと要求できるのか。その根源をたどると世界に例のない不平等条約＝日米安保条約にたどり着きます。

米国が日本に軍拡を要求するための根拠とされているのが「自助」「相互援助」の考えです。１９４８年、米国が他国と安全保障協定を結ぶ際、「継続的かつ効果的な『自助』と『相互援助』を基礎とする」と規定した「バンデンバーグ決議」が米上院で可決。相手国が自衛力を増強し、米国にも協力することを軍事同盟の条件としたのです。

米国はこの条件を日米同盟にも反映させ、60年に改定された日米安保条約の第3条に、「継続的かつ効果的な『自助』及び『相互援助』により武力攻撃に抵抗するそれぞれの能力を維持し、発展させる」との規定を盛り込みました。

こうした条項を根拠に、米国は同盟国に軍拡を要求。そのなかで「軍事費ＧＤＰ比２％」の発端はＮＡＴＯ（北大西洋条約機構）です。２００６年、米国の要求で「ＧＤＰ比２％」の指針を設定。14年のロシアによるクリミア侵略を受け、同年9月のＮＡＴＯ首脳会議で、「24年までの２％達成」を目標に掲げました。

17年に発足したトランプ米政権は、ＮＡＴＯ以外の同盟国にも「２％」を要求。当時のエスパー国防長官は20年10月20日、ワシントン市内の講演で、「われわれはＮＡＴＯを超えて、すべての同盟国が防衛にもっと投資することを期待している。少なくともＧＤＰ２％を下限として」と発言。オブライエン大統領補佐官も21日、ＧＤＰ比２％は「ＮＡＴＯ以外でもゴールドスタンダード（黄金律）だ」（米軍事専門誌ディフェンス・ニュース）と述べ、絶対的な数値だと強調しました。

21年に発足したバイデン政権は、中国に対抗していくため、日本の大幅な軍事分担拡大を要求します。菅義偉前首相は同年4月16日のバイデン大統領との共同声明で、「自らの防衛力を強化する」と誓約。自民党は10月の総選挙で、初めて軍事費の「ＧＤＰ比2％以上」を公約しました。エマニュエル次期駐日米大使（現大使）は10月20日、上院外交委員会の公聴会で自民党の公約に触れ、日本の軍拡は「同盟に不可欠だ」と発言しました。

米側はこれまで、日本の軍事費の目安である「ＧＤＰ1％以内」は「少なすぎる」と批判してきました。中国の大軍拡やロシアのウクライナ侵略を利用して、一気に「2％」達成を狙っているのは明らかです。

ただ、なぜ2％なのか。具体的な根拠は示されていません。ＮＡＴＯ加盟国でも、23年7月時点で「2％」を達成しているのは30カ国中、米以外では10カ国です。それにもかかわらず、政府と自民・維新などは、「2％」ありきで米への忠誠を競い合っているのです。

米のアイデア？

「専守防衛」を根本から覆す敵基地攻撃能力の保有について、岸田首相は22年5月、日米首脳会談後の記者会見で、「いわゆる『反撃能力』も含めて、あらゆる選択肢を排除しない」と表明しました。

「敵基地攻撃能力」＝「反撃能力」という言葉を最初に用いたのは、20年12月に公表された米戦略国際問題研究所（ＣＳＩＳ）の対日要求報告書＝「第5次ナイ・アーミテージ報告」とみられます。報告書は集団的自衛権の行使容認などを高く評価した上で、「今後の課題は日本がどのように反撃能力とミサイル防衛を向上させるか」だとして、「反撃能力」＝敵基地攻撃能力を次の目標に設定しています。

改憲に固執　「戦争する国」　9条が阻む

岸田政権が進める敵基地攻撃能力の保有と5年間で43兆円におよぶ大軍拡——。

その一方で、岸田文雄首相は「目の前の（自民党総裁）任期において憲法を改正する努力をする」（２０２３年6月21日、国会閉会後の記者会見）とのべ、24年の自民党総裁選までに改憲をおこなう考えを示しました。

23年2月におこなわれた同党大会では、「早期の憲法改正実現に向け運動を加速する」方針を採択。首相は演説で、「時代は憲法の早期改正を求めている」とさらに踏み込みました。

敵基地攻撃能力の保有と大軍拡ではま

だ足りないとばかりに、改憲に固執するのはなぜか。その大本には米国の求める「戦争をする国」づくりのうえで、憲法9条が大きな〝制約〟となっている事実があります。

　米国と一体となった数千、数百のミサイルによる他国領域への攻撃は、「専守防衛」の原則をあからさまに投げ捨てるものです。「専守防衛」のもと、自衛隊による武力反撃は原則として日本の領域内にとどまるものとされてきました。

2024年の総裁選までの改憲を表明する岸田首相（23年6月21日、首相官邸ホームページから）

整合性なし

アジア全域を射程内におさめる長射程ミサイルの大量保有について、「他国に攻撃的脅威を与える兵器は持てない」とする政府答弁の積み重ねとの整合性を全く説明できません。

　もともと、「専守防衛」の原則も、敵基地攻撃能力や攻撃的脅威を与える兵器の保有の禁止も、自衛隊があくまで自国防衛のための「必要最小限度の実力」であり、憲法9条2項が保持を禁じる「戦力」には当たらないと説明するためのものでした。

　しかし、集団的自衛権の行使を容認し、敵基地攻撃能力の保有で実践に乗り出すもとで、自衛隊全体が憲法9条との整合性を根本的に問われる事態です。岸田政権は憲法違反と批判されることを恐れ、「憲法の範囲内での政策判断の変更」と強弁し続けています。

拘束力持つ

　沖縄大学の小林武客員教授は、日本国憲法について「憲法全体が平和の構造、平和国家建設の見取り図だ」と論じます。政権がどんなに憲法破壊の道を進もうとしても「憲法は防波堤の役割を果たしてきた。（政府に対する）拘束力を持っている」と語ります。

　学習院大学大学院の青井未帆教授は雑誌『世界』23年5月号で「憲法9条の存在故に日本では安全保障に関する政策は常に憲法的な正当性が問われうる」と指摘しました。

　政府は、9条のもとでは、全面的な集団的自衛権の行使も、無制限の海外派兵もできないと、現時点でも言わざるを得ません。こうした憲法9条の〝制約〟を取り払おうという仕掛けが自民党の改憲条文案には隠されています。

米戦略に日本動員

　自民党改憲案は、9条1、2項を残して自衛隊を憲法に明記するというものです。

　ここで9条に明記される「自衛隊」とは、集団的自衛権行使が可能とされ、そこに敵基地攻撃能力を加え、米国とともに海外で戦争する「軍隊」に変貌する自衛隊です。

さらに9条への自衛隊明記は、その自衛隊を憲法上「追認」するにとどまらず、9条2項による「制約」を空洞化させ、海外での無制限の武力行使を可能とするものです。

　自民党条文案は、9条1、2項を受けて9条の2をもうけ、「前条の規定は…必要な自衛の措置をとることを妨げず」としています。9条2項が残っても、「必要な自衛の措置」を「妨げない」――2項による制約が、憲法に明記される「自衛隊」には及ばない構造で、まさに2項を空文化するものです。

要塞化して

21年春、PDI（太平洋抑止構想）という予算が米議会を通りました。中国が、米軍の接近を排斥する防衛ラインとして設定する第1列島線に「精密統合打撃網」を構築するという構想です。第1列島線とは、九州沖から沖縄、南西諸島を通り、フィリピンへと続くラインです。ここに日米統合のミサイル網を配備するための予算です。

　専門家は「中国東海岸の1500発ともいわれる中距離ミサイルとの数合わせ。在日米軍基地だけでなく日本にもミサイルや航空戦力を配備し、さらにオーストラリアの潜水艦などに巡航ミサイルを供給する」と指摘しています。

プラカードを掲げて、アピールする2023憲法大集会の参加者
＝23年5月3日、東京都江東区

中国が西太平洋、南シナ海で軍事力を強化する動きに対抗し、日本列島全体をミサイル要塞《ようさい》化して軍事的対抗に巻き込むものです。すでに沖縄本島、石垣島、宮古島にはミサイル基地が建設され、長射程ミサイル配備が進められようとしています。

　こうしたアメリカの要求に全面的に応えるためには、憲法9条の〝制約〟を取り払ってしまう必要があるのです。

　まさにアメリカのアメリカによる、アメリカの覇権のための危険な軍事戦略に日本を動員するための9条改憲なのです。

　国会の多数でいかに憲法を踏みにじろうとも、国民の支持を背景に憲法9条2項は生命力を維持し、国家権力を拘束するルールとして力を発揮しています。草の根「九条の会」の全国津々浦々での取り組みをはじめ、「敵基地攻撃、大軍拡は違憲」という草の根からの批判と結びついて、憲法9条は岸田政権の暴走に立ちはだかって豊かな力を発揮しています。

ロシアの侵略、絶好の口実
同盟強化は戦争の道
包摂的な平和の枠組みこそ

岸田政権はロシアのウクライナ侵略を絶好の口実として、かつてない軍事同盟強化を進めています。**国家防衛戦略**で、「どの国も一国では自国の安全を守ることはできない」「外部からの侵攻を抑止するためには、共同して侵攻に対処する意思と能力を持つ同盟国との協力の重要性が再認識されている」ことを、ウクライナ侵略の〝教訓〟として挙げました。

いわば、〝ウクライナは北大西洋条約機構（NATO）に加盟していなかったからロシアに侵攻された。だから日本は中国に侵攻されないために同盟・「抑止力」を強化する〟という考え方です。

岸田政権は、日米共同の敵基地攻撃態勢など、安保3文書に基づく日米同盟強化にとどまらず、NATO諸国やオーストラリアなど「同志国」との連携を強めています。

これらは日本の主体的な動きではなく、米国の対中戦略に沿ったものです。バイデン米政権はインド太平洋地域での覇権を維持するために、▽日米豪印の枠組み（QUAD＝クアッド）▽米英豪の枠組み（AUKUS＝オーカス）▽NATO軍の展開――など同盟国の総結集を進めています。とりわけ重視しているのが、地政学的に中国との最前線に位置する日本です。岸田政権は米国言いなりに対中包囲網を担い、日本の国土を戦場にする危険を高めています。

山口大学の纐纈厚名誉教授（日本近現代政治軍事史）は、こうした動きは「非常に危険な選択で間違いだ」と主張。「同盟も『抑止力』も戦争を準備するものだ。『抑止力』は軍拡の口実とされ、戦争の呼び水になってきた。戦前の日独伊三国同盟（1940年調印）もアジア太平洋戦争を呼び込んでしまった。米韓軍事同盟により、韓国はベトナムに派兵した。軍事ブロックが多国間になればなるほど、戦争に巻き込まれる危険は倍加する」と指摘します。

侵略の背景には

そもそも、ウクライナ侵略の背景には、同国が軍事同盟に入っていなかったからではなく、平和の枠組みが機能しなかったことが挙げられます。

欧州には、欧州安全保障協力機構（OSCE）というロシアを含めた全欧州諸国が参加する包摂的な平和の機構が存在します。ソ連崩壊後の99年につくられた欧州安全保障憲章は、OSCEを「紛争の平和的解決のための主要な機関」と定めました。

しかし、その枠組みは生かされず、

バイデン、岸田政権による対中軍事ブロック

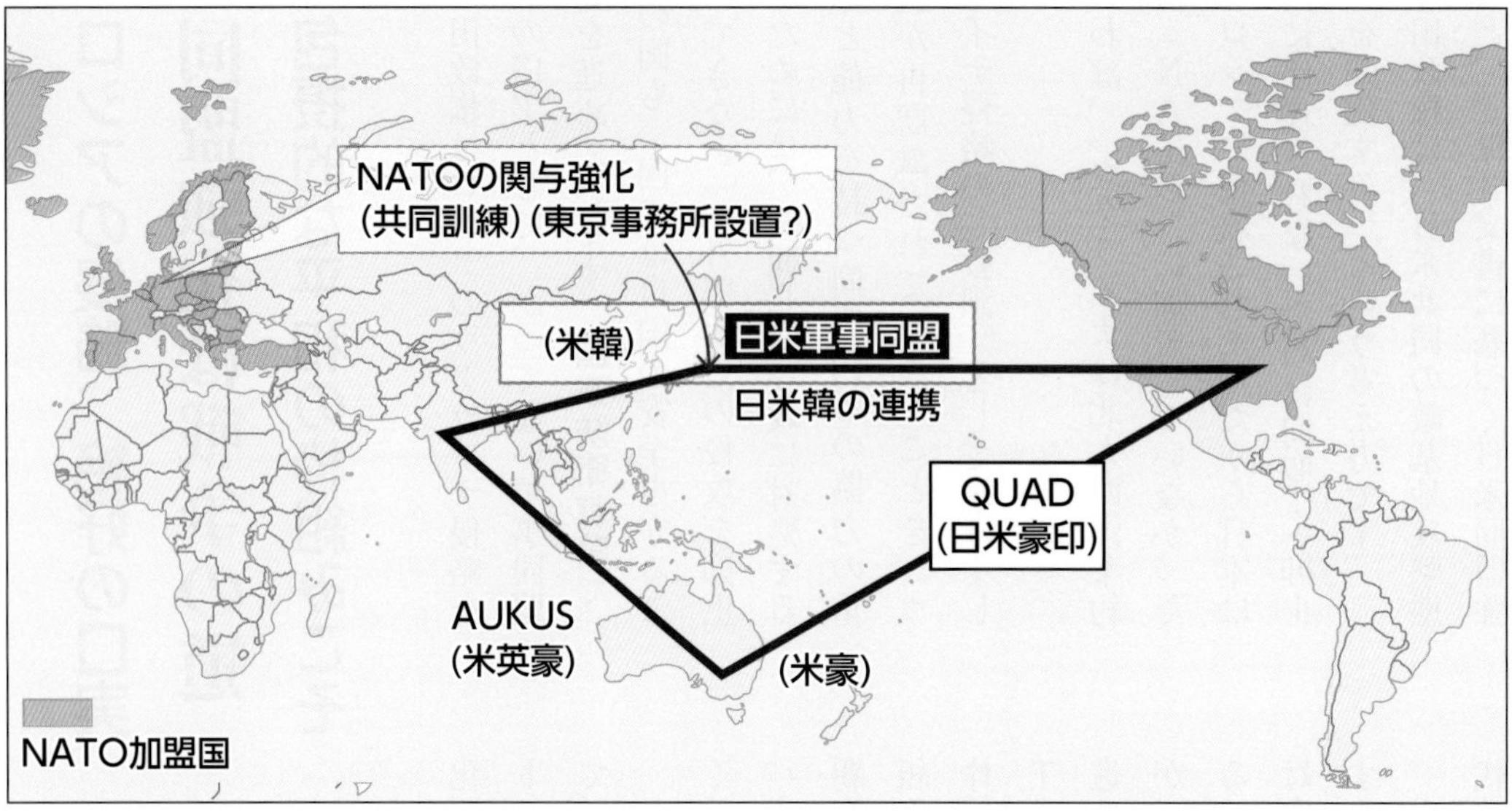

解体・機能停止・縮小した主な軍事同盟

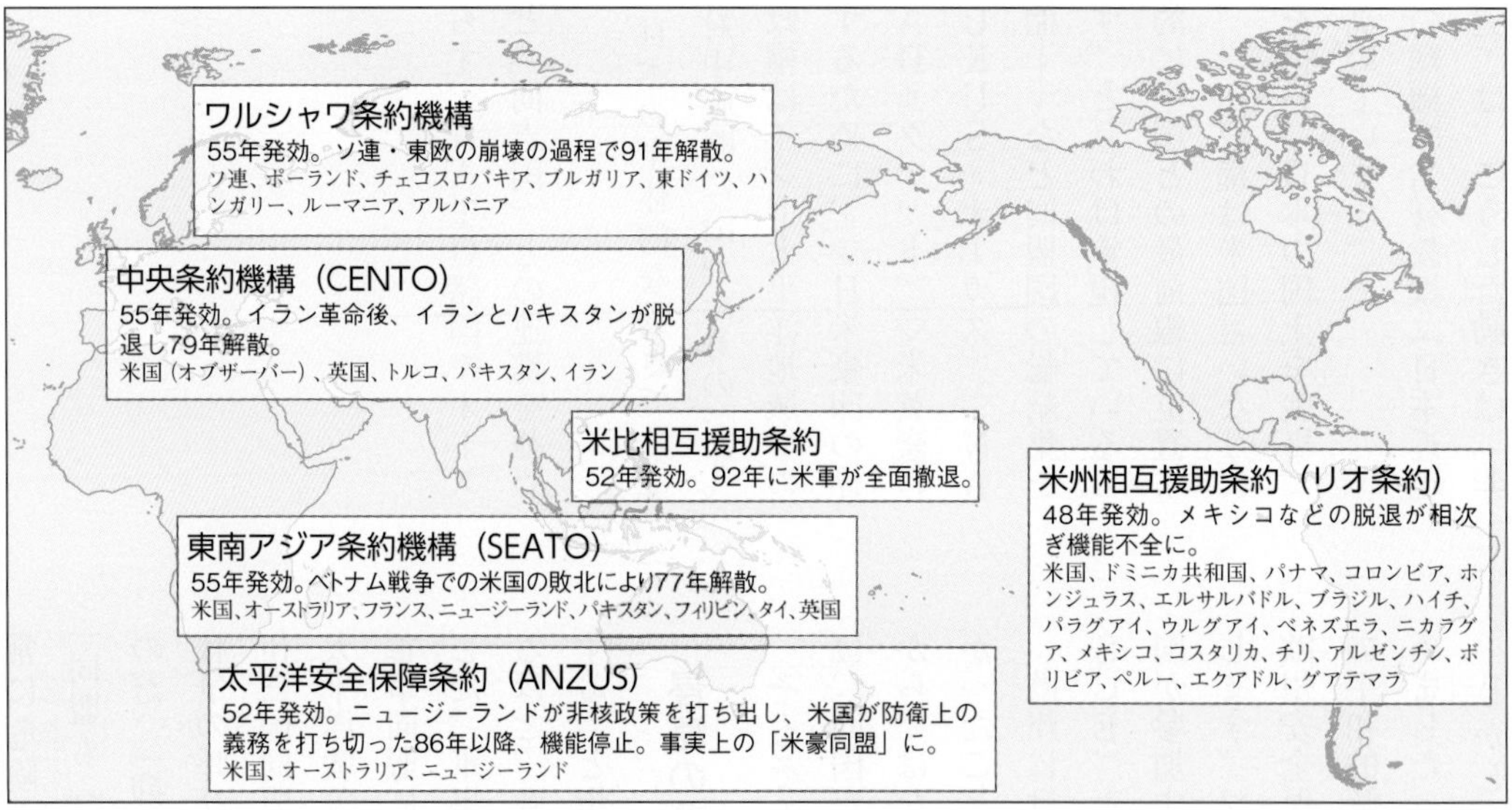

NATOは「東方拡大」を進めます。これに対してプーチン政権は「核抑止」を強め、ついには自国「防衛」を口実に、国連憲章違反のウクライナ侵略に踏み込むという悪循環に陥ってしまったのです。

岸田首相は中国を念頭に、「ウクライナは明日の東アジア」だと繰り返しますが、纐纈さんは「ウクライナにはロシア語地域が存在するが、日本には中国語地域は存在しない。ロシアとウクライナの関係と日中の関係は、歴史的にも地理的にもまったく性質が違う。それを同列に置くのは暴論極まりない」と批判します。

ASEAN・平和構築の主な重層的枠組み

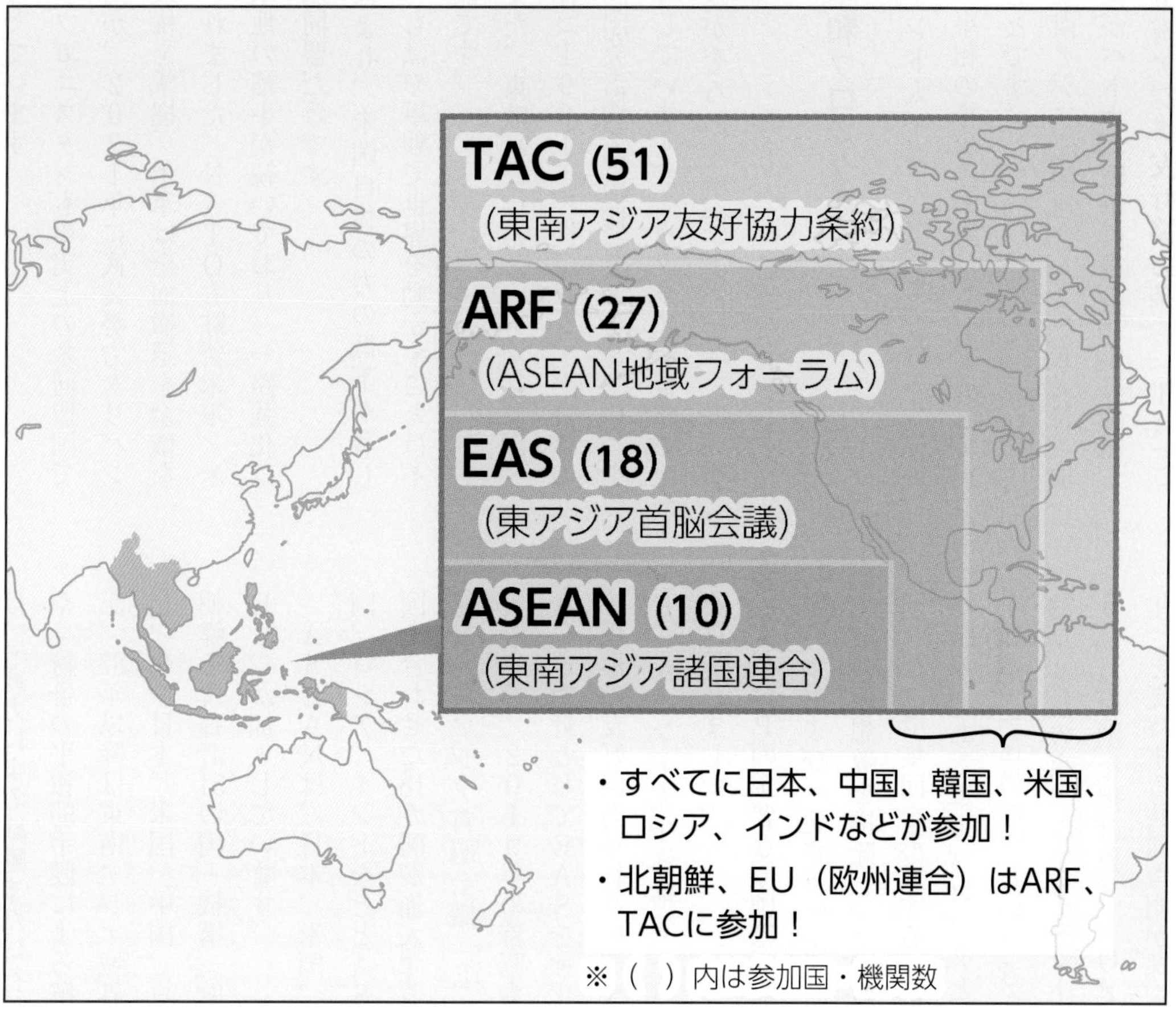

軍事同盟は衰退

軍事同盟絶対化の流れは今、戦後もっとも強まっているように見えます。しかし実際は、第2次世界大戦の勝者となった米国が世界中に張りめぐらせた軍事同盟の多くは現在、解体や機能停止、縮小に陥っています。

「東南アジア条約機構」（SEATO＝シアトー）はベトナム戦争での米国の敗北により1977年に、南アジアから中東にかけての「中央条約機構」（CENTO＝セントー）はイラン革命後、イランとパキスタンが脱退し79年に解散しました。

「太平洋安全保障条約」（ANZUS＝アンザス）は、ニュージーランドが米国の核持ち込みを認めない非核政策をとり、86年以降、機能を停止。事実上の「米豪同盟」になりました。

「米比相互防衛条約」は、92年に米軍がフィリピンから全面撤退し縮小。中南米の「米州相互援助条約」（リオ条約）はメキシコなどの脱退が相次ぎ機能不全になっています。

アフガニスタンも事実上の米同盟国でしたが、２０２１年に武装勢力タリバンが政権を掌握。米軍は全面撤退を余儀なくされました。ＮＡＴＯも駐留米軍・米軍基地の縮小が続いており、一路強化は日米同盟だけです。

何より、米国自体の力の低下が著しく、もはや単独で世界を動かすことは不可能です。

また、東欧の「ワルシャワ条約機構」解体（１９９１年）後、ロシアが後継の「集団安全保障条約機構」（ＣＳＴＯ）を主導していますが、ウクライナ侵略で足並みがそろわず機能不全に陥っています。

平和ブロックを

インド太平洋の欧州との最大の違いは、平和の枠組みが機能し、発展していることです。

東南アジア諸国連合（ＡＳＥＡＮ）加盟国がベトナム戦争直後の76年に締結した東南アジア友好協力条約（ＴＡＣ）は、「武力による威嚇または行使の放棄」や「紛争の平和的手段による解決」を明記。87年以降は東南アジア域外にも開放し、今や日本、米国、中国、ロシア、北朝鮮を含む計51の国・機構（欧州連合＝ＥＵ）が加入しています。

ＡＳＥＡＮは、日本、米国、中国、韓国、ロシア、インドなどとＡＳＥＡＮ諸国を合わせた18カ国が加入する平和の枠組み「東アジア首脳会議（ＥＡＳ）」構築を主導。２０１９年の首脳会議で、ＴＡＣを指針としてＥＡＳを強化し東アジア規模の友好協力条約を展望する「ＡＳＥＡＮインド太平洋構想（ＡＯＩＰ）」を採択しました。

ＡＩＯＰの重要な原則は「開放性、透明性」および「包摂性」という点です。特定の仮想敵を排除し、「同盟国・同志国」だけで集団を形成する「排他的」な枠組みである軍事ブロックとは正反対なのが、「包摂性」という考え方です。23年９月の東アジアサミットでは、こうした原則を掲げたＡＩＯＰの「主流化」を支持する共同声明が採択されました。

また26カ国とＥＵがアジア太平洋の安全保障問題を話し合うＡＳＥＡＮ地域フォーラム（ＡＲＦ）など、ＡＳＥＡＮを中心とした数多くの対話の枠組みも存在します。

17年７月、国連で１２２カ国の賛成で核兵器禁止条約を採択。賛成票を投じた国の多くは、アジア・アフリカ・中南米を中心とした非同盟諸国でした。同条約は24年１月現在で、93カ国が署名。70カ国が批准しています。

ＴＡＣや核兵器禁止条約を主導した国々は、かつて米国の軍事同盟下にありました。日本も日米安保条約から脱却すれば、憲法９条を持つ国として戦争の心配がない東アジアの実現、世界の平和と安定に大きな貢献ができる可能性を秘めているのです。

纐纈さんは「平和を実現するには軍事ブロックではなく包摂的な枠組み、ＡＳＥＡＮのような平和ブロック構築こそ、唯一無二の方法です」と訴えます。

ミサイル基地　現場から

安保3文書に基づき、岸田政権が進める大軍拡――。敵基地攻撃ミサイル配備の最前線になっているのが、米中対立のはざまにある「第1列島線」上の島々です。沖縄県の先島諸島の石垣・宮古・与那国の各島ではミサイル配備を中心とした「戦争準備の姿」が日常の景色とされつつあります。観光の島からミサイルの島へと変貌する島でいま、何が起きているのか。戦争と平和が交錯する島の現状を追いました。

要塞化へ地ならし　戦争準備、日常の景色

沖縄・先島諸島

2023年4月26日、宮古島は緊迫感に包まれていました。北朝鮮が計画する「軍事偵察衛星」の発射に備え、浜田靖一防衛相が22日に「破壊措置準備命令」を発出。航空自衛隊の地対空誘導弾パトリオットミサイル（PAC3）配備に向けた搬入作業が進められていたからです。

PAC3輸送抗議

この日、宮古空港では午後2時20分ごろ、3時ごろ、4時半ごろの計3回、PAC3の発射機やレーダー装置を搭載した車両などを運ぶ空自のC2輸送機が飛来。地元住民や観光客が利用する民間空港を使ったミサイル配備に対し、「平

岸田政権が進める南西諸島へのミサイル配備、軍事要塞化の動き

12式地対艦誘導弾（陸上自衛隊提供）

和な宮古空港を軍事利用するな」と厳しく抗議する市民の声があがりました。

　飛来する自衛隊機に向かって抗議していた市民のひとり上里清美さんは「いま全日空の飛行機が飛んできたでしょ。降りてくる島の人間があれを見たらすごく嫌な気持ちになる」と憤ります。南西諸島で進む軍事要塞化の整備に向けた「地ならし」の一環だとも批判します。

　日本共産党の上里樹宮古島市議は島内を走り回る軍用車両を見ながら「この機に乗じた軍事訓練だ」と述べ、射程20～30キロ程度のＰＡＣ３で「衛星」を迎撃することは現実的ではないと指摘します。「本来はミサイルを撃たせない外交努力こそ必要だ。政府は責任を放棄している」

（上）宮古空港に飛来した航空自衛隊のC2輸送機から発射機とみられるPAC3を搬入。（下）宮古空港から搬入されたPAC3発射機を搭載した車両が市内の公道を走行。火薬類を積んでいることを示す「火」の標識を掲示＝23年4月26日、沖縄県宮古島市

隊員４００人 車両１３０台

　先島諸島でのＰＡＣ３配備は宮古島に加え、陸上自衛隊の与那国駐屯地（与那国町）、同石垣駐屯地（石垣市）にも展開。地元紙の報道によると今回の措置命令で沖縄県内に隊員約４００人、車両約１３０台が入ったとみられます。

　３島のうち、宮古島には19年３月、石垣島は23年３月、地対艦、地対空ミサイル部隊を配属。与那国島でも地対空ミサイル部隊を配備するため用地取得費が防衛省の23年度予算に計上されました。

　与那国町民のひとりはこう語ります。「一連の動きは、与那国島民がいや応なしに島から出ていかざるを得ない空気を醸成する効果も狙っている」

　基地建設に反対する市民団体「石垣島の平和と自然を守る市民連絡会」は23年４月27日に声明を発表。「島々が戦場になることを前提にした戦争準備、基地機能強化・拡大の動きは断じて許されない」などと抗議しました。

宮古島――民間の下地島空港が
〝私の畑の前から戦争始めるな〟と住民

2019年3月にゴルフ場を買収して開設された陸上自衛隊宮古島駐屯地。そのすぐ目の前に広がる畑で仲里成繁さんは、メロンやサトウキビを栽培しています。「人間にとって一番大事なのは水と食料です。今後も動ける限りはずっと続けていきたい」とメロンの摘果作業をしながら語ります。「自分の畑の前から戦争が始まることは認められません。軍備では島や住民の命は守れないですよ」

駐屯地目の前の畑でメロンなどを栽培する仲里成繁さん。傷がついた実や形の悪い実を取り除く摘果作業を進める＝宮古島市野原

弾薬庫の建設予定地（宮古島市城辺保良）。土地の取得が進まず3棟のうち1棟は未完成

銃を持った米兵が

宮古島は、南西諸島への機動展開を任務とする第8師団（熊本・北熊本駐屯地）の坂本雄一前師団長（故人）が乗っていた陸自ヘリが、23年4月6日に墜落した事故で大きな注目を集めています。坂本氏が3月に着任後、ただちに宮古島で任務偵察を行ったことは、「有事」における同島の重要性を物語っています。

一方、仲里さんは市内にある下地島空港に緊急着陸した米軍のF16戦闘機には重大な問題があると指摘します。エンジントラブルを起こした米軍機の修理に関連し、整備要員と共に銃を携行した警備要員も派遣されました。「下地島空港は民間空港です。なんで米兵が銃を持って警備できるのか。米軍のやり方には憤りを感じます」

仲里さんが、国内法より日米地位協定が優先されるのかと外務省に問い合わせても、明確な答えはなかったといいます。「国内では銃を持って歩くことは当然できない。でも米兵ならできてしまう。ここに日本の外交の弱さが表れています」

　1960年代に日本政府による建設計画が浮上した下地島空港に当時、宮古諸島の住民たちは強く反発。71年に日本政府と琉球政府が同空港を軍事目的で使用しないとした屋良覚書（**別項**）を交わした経緯があります。沖縄県の玉城デニー知事2023年は1月24日の会見で、屋良覚書を念頭に「双方の共通した考え方であることは繰り返し堅持したい」と述べました。

> **「屋良覚書」**
> 1971年、当時の琉球政府主席の屋良朝苗氏と日本政府の間で結んだ外交文書。

　上里市議は今後、宮古島の軍拡をめぐる情勢について「下地島空港がカギだ」と強調します。政府は安保3文書にもとづき民間空港を含む公共インフラの整備や利活用について積極的に議論していく考えを示しています。上里市議は指摘します。「浜田防衛相が下地島を名指しするなど、いよいよ表舞台に表れてきた」

民家至近に弾薬庫

宮古島駐屯地から約14キロ離れた場所にある保良《ぼら》弾薬庫。同駐屯地で地対艦・地対空部隊が使用するミサイルが保管されています。民家から250メートル前後の距離に位置し、住民の不安は高まるばかりです。

　弾薬庫は2棟が完成していますが、現在もまだ用地取得ができず建設が進んでいない区画があります。「なぜ住宅の近くに狙われる危険のあるものをつくるのか。あまりにも乱暴だ」と弾薬庫近くの民家に住む下地薫さんは語ります。

石垣島――「命の水」侵してまで

　2023年3月に開設した陸上自衛隊石垣駐屯地。石垣島北部にある県最高峰の於茂登《おもと》岳（標高526メートル）の麓、緑豊かな山林と島の特産品であるサトウキビやパイナップルの畑が広がる平得《ひらえ》大《おお》保《また》地区に造られました。開設から1カ月以上たったいまも、駐屯地内ではクレーン車が慌ただしく工事作業を進め、ダンプカーなどもひっきりなしに公道を走っていました。

アセス逃れに憤り

　地元住民らは、基地周辺にある水源地を〝命の水〟だと強調します。於茂登岳からの湧水は地下を通り、島民たちの飲料水や農業用水の取水地である宮良川に流れ込みます。

　駐屯地近くの石垣市登野城でマンゴーとアセロラ栽培を営む川満哲生さんは、建設前から基地からの排水問題を指摘していました。「この場所に基地をつくると汚染水の問題が出てくることはわかっていた」と話します。政府や防衛省は、環境影響評価（環境アセスメント）の対象となる県の改正条例が適用される前に工事に着手。住民の声を無視した環境アセス逃れに川満さんは「環境アセスをやっていれば、この場所に基地を建設することは不適切となっていたはずだ。それを恐れてあえて、通り抜ける手法をとった」と憤ります。

駐屯地周辺にはパインやサトウキビの畑が広がる。開設された後も工事作業は続く＝23年4月28日、石垣市

駐屯地近くでサトウキビや芋、ウコンなどを栽培する嶺井善さんも「国会議員たちは国を守るとか、地域住民を守るためと言うけど、住んでいる人間のことを考えているとは思えない」と批判します。

「台湾有事」などを念頭に県は3月17日、国民保護法に基づく「武力攻撃予測事態」を想定した図上訓練を初めて実施。宮古、石垣、与那国など先島諸島の5市町村が参加しました。嶺井さんは「この地を離れたら暮らしていけない人ばかりだ」と訴えます。「生活を守るために、今後を生きる人たちのためにも住みにくい島を残すわけにはいかない。基地を認めないと言い続けていく」

保守系からも反対

川満さんは石垣島の地の利や自然環境を生かした農業で、島を活性化していきたいと夢を語ります。その声をさえぎるように農園上空を自衛隊機が爆音をとどろかせながら飛んでいく中、力を込めます。「石垣島を農業で発展する島にしたい。地に足のついたね」

「石垣島の平和と自然を守る市民連絡会」共同代表の白玉敬子さんは、石垣島の現状を「日本は民主主義の国といわれるけど、本当にそうなのでしょうか」と疑問を投げます。市が基地建設を受け入れた18年。島の若者たちが陸自配備計画の賛否を問う住民投票を求め、有権者の約4割の署名を集めました。しかし、市や議会は投票を認めず、現在は裁判で係争中です。「地域住民の声を国も市も聞こうとすらしなかった」

白玉さんは石垣島の詩人・八重洋一郎さんの詩集「日毒」を引用しながら訴えます。「先島は抑止力ではない。標的の島にされようとしているのです」

一方、石垣市議会では軍拡反対の動きに希望も芽生えています。22年12月19日、同議会では長射程ミサイル配備を容認できないとする意見書を賛成多数で可決。陸自配備を推進する与党が多数を占める中、保守系の議員たちにも敵基地攻撃能力の保有に反対を表明する議員が現れています。

森壊し巨大な弾薬庫
世界遺産の島戦場に
鹿児島・奄美大島

「世界遺産の島が戦場になりかねない。危機的な状況で許せない」——。鹿児島市と沖縄本島のほぼ中間に位置する奄美大島（鹿児島県奄美市、瀬戸内町など）。「東洋のガラパゴス」と呼ばれ、貴重な動植物が生息するこの美しい島で沖縄と並んでミサイル拠点化が進み、戦争拠点にされていることに、島で生まれ育った西シガ子さん（92）は憤ります。

防衛省は2019年3月、国の天然記念物で絶滅危惧種のアマミノクロウサギなどが暮らす森を壊して造成した陸上自衛隊奄美駐屯地（奄美市）と瀬戸内分屯地（瀬戸内町）を同時に開設。地対艦・地対空誘導弾（ミサイル）部隊と警備隊を配備し、22年には電子戦部隊、23年には後方支援や施設の管理を担う業務部隊を配備するなど機能強化が進行しています。

政府は敵基地攻撃能力保有の一環として射程1000キロ以上の「12式地対艦誘導弾（能力向上型）」の開発を進めており、奄美大島にも配備される危険があります。

瀬戸内分屯地には、巨大な弾薬庫があります。**防衛力整備計画**では、弾薬庫の「島しょ部への分散配置」を明記。防衛省は23年度、同分屯地に弾薬庫を増設する方針です。

奄美市へのミサイル配備は、16年6月に駐屯地の麓の大熊《だいくま》地区での説明会で初めて住民に知らされましたが、説明会はその1度きりです。

「戦争のための自衛隊配備に反対する奄美ネット」の城村《じょうむら》典文代表は、「ミサイル部隊配備はほとんど周知されておら

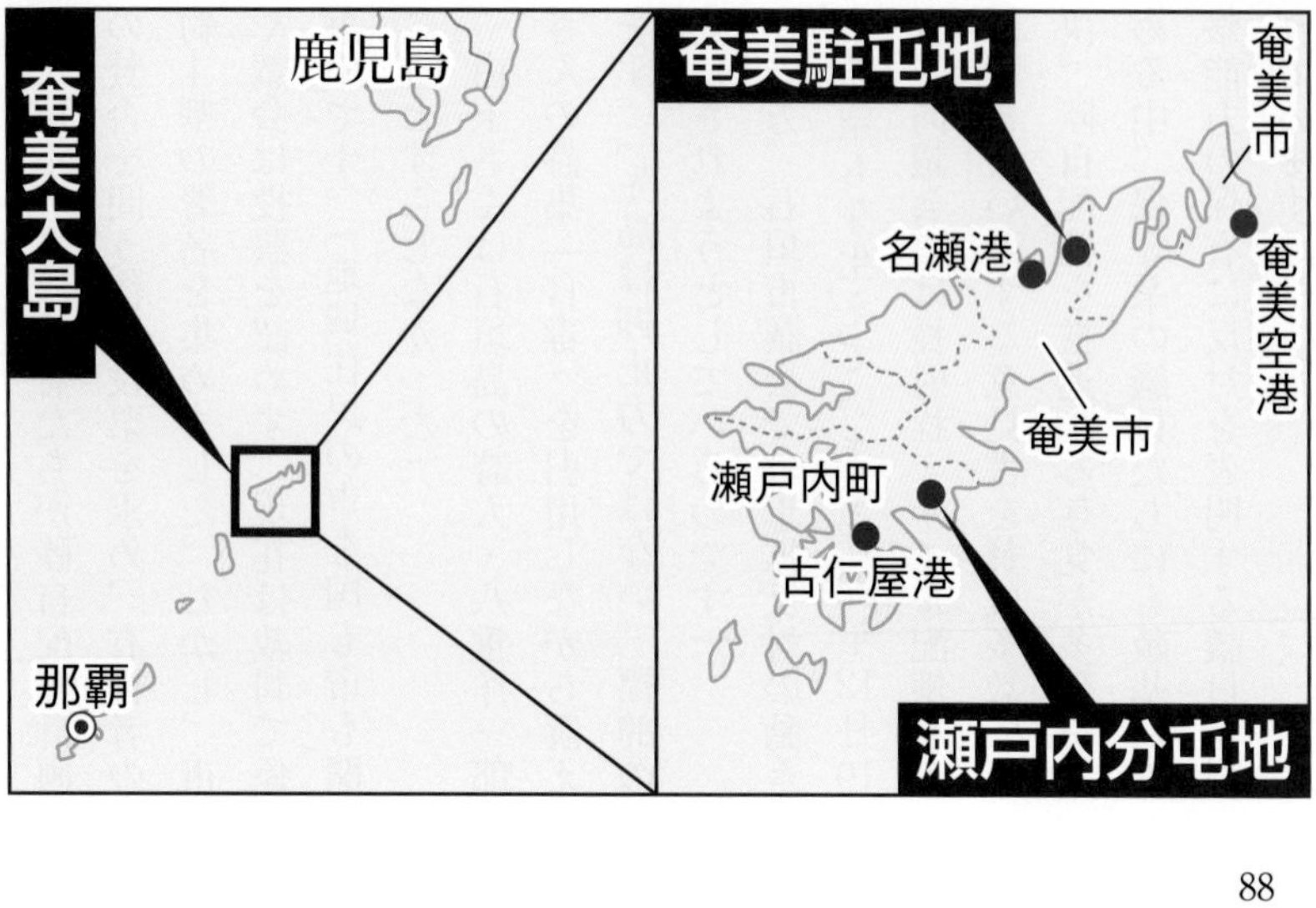

ず、まったく住民の意向を聞いていない」と批判します。戦後8年間の米軍統治の後、１９５３年に日本に復帰してから約70年の間平和だった島は突然、「戦争のできる国づくり」の波にのみ込まれることになりました。

瀬戸内分屯地の弾薬庫地区＝21年7月6日、鹿児島県瀬戸内町（沖縄ドローンプロジェクト提供）

奄美――すでに標的
最前線（沖縄）と補給拠点（九州）結ぶ中継地点に

広報に中学利用

城村さんは、奄美大島への陸上自衛隊駐屯地・分屯地開設後、奄美駐屯地と瀬戸内分屯地を結ぶ国道で装甲車や軍用車の往来が日常的に見られるようになったと証言。ミサイルを搭載した車両が、通勤の渋滞時間帯に走行することもあるといいます。また、自衛隊員が迷彩服姿のままで保育所への子どもの迎えや買い物に現れ、役所や銀行などに出入りしているといいます。銃を携えた隊員による行進訓練も子どもたちの目に触れる公道で行われました。

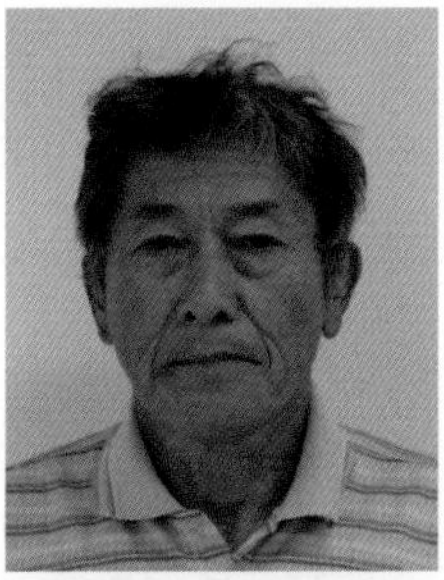
城村典文代表

崎田信正市議

２０２２年10月、自衛隊は奄美市内で開かれた音楽隊の演奏会に市内の二つの中学校の吹奏楽部を招待し、会場に機動戦闘車や戦車を展示して広報活動に利用。両中学校名とともに戦車などの写真を掲載した音楽会のチラシを市内に配布しました。

日本共産党の崎田信正市議は、中学校は義務教育で、部活動は教育の一環なのに「こんなことが許されればどんどん拡大していく。やめてほしいという毅然《きぜん》とした態度が必要だ」と市議会で追及。教育長は「物の見方、考え方は、いろいろある」とはぐらかしました。

米軍のため着々

　城村さんたち島民は、駐屯地・分屯地建設、ミサイル配備の中止を求めて反対運動を行い、「自衛隊基地ができたら今度は米軍がやってくる」と訴え続けました。こうした危惧は、19年3月の駐屯地・分屯地開設のわずか半年後の9月に、奄美駐屯地で初めて実施された日米共同訓練「オリエント・シールド19」で現実のものとなりました。

奄美空港で民間のトレーラーに載せられるハイマース＝22年8月31日、鹿児島県奄美市（戦争のための自衛隊配備に反対する奄美ネット提供）

　以後も対中国を想定した大規模な共同演習・訓練は繰り返されています。21年6月の「オリエント・シールド21」では、「島しょ防衛」を想定し、奄美大島で日米の地対空ミサイル部隊による共同防空戦闘訓練が初めて実施されました。

　また、22年8月下旬～9月上旬の共同訓練「オリエント・シールド22」では、米軍の高機動ロケット砲システムHIMARS（ハイマース）や電子戦部隊が初めて奄美大島に展開。奄美空港から搬入され、民間のトレーラーで公道を奄美駐屯地まで運ばれたハイマースと陸自の12式地対艦誘導弾、日米の電子戦部隊による初の共同対艦戦闘訓練が行われ、日米の軍事一体化ぶりを示しました。

　米軍のハイマースは22年11月実施の「キーン・ソード23」でも空港から公道を運ばれ瀬戸内分屯地に展開。同共同訓練では、奄美市の名瀬港が部隊や装備品の陸揚げに使用され、民間地に自衛隊の装甲車やレーダーが展開し、多数のテントが張られる戦場さながらの訓練が行われました。城村さんは、「政府が南西諸島民をだましながら米軍のための要塞《ようさい》化を着々と進めている。長距離ミサイルまで配備されたらますます戦争に近づく」と警鐘を鳴らします。

　ミサイル基地化に加え、防衛省は、瀬戸内町の古仁屋《こにや》港周辺への、自衛隊の物資補給や部隊輸送の拠点となる港湾施設の整備を狙っています。

　国家防衛戦略は、「後方補給態勢を強化し、特に島嶼《とうしょ》部が集中する南西地域における空港・港湾施設等の利用可能範囲の拡大や補給能力の向上を実施していく」としており、「有事」を見据えて米軍・自衛隊は沖縄を最前線、九州を補給拠点とし、奄美などの島嶼部を、その中継地点に位置づけていると考えられます。

オスプレイの姿

　奄美大島では、住民が、市街地上空を低空飛行するオスプレイを頻繁に目撃しています。住民から奄美市に通報があったただけでも、23年4月には3件、のべ7機が目撃されており、城村さんによると、さらに同26日、27日にも目撃されました。

高さ１０７メートルの風車より低い高度で飛行するオスプレイ4機＝21年2月4日、鹿児島県奄美市（戦争のための自衛隊配備に反対する奄美ネット提供）

　沖縄県名護市の浅瀬に墜落したＭＶ22オスプレイ事故の最終報告書（17年9月）には「奄美ＬＡＴ（低空飛行訓練ルート）」という記述があり、奄美大島周辺に、主に米軍普天間基地（沖縄県宜野湾市）所属機が使用する低空飛行ルートが存在していることを示しています。

　城村さんによるとオスプレイは市街地を航空法で定められた最低安全高度を下回る高度１５０メートル以下で飛行しているといいます。

西シガ子さん

　奄美空港ではこの間、オスプレイの緊急着陸が目立っています。22年7月には3機が立て続けに着陸しました。城村さんは「島民への謝罪もない。事故の原因も公表されない。もし米軍機が落ちてきたら、誰が責任をとるのか」と憤ります。

戦争繰り返すな

　西シガ子さんは、太平洋戦争中、島内の名瀬町（現・奄美市）で、那覇市など南西諸島全域が爆撃された「10・10空襲」（１９４４年10月10日）にあい、壕《ごう》に逃げ込みました。長く続く射撃とごう音に「自分の胸が射抜かれるような感覚がした」といいます。戦後、名瀬の街は一面の焼け野原になっていました。戦中の食糧難も体験した西さんは、台風で輸送が途絶えた時でさえ食料品が不足するのに、戦争となれば飢餓となってしまうと訴えます。

　西さんは、軍事化によって奄美は「もうターゲット（標的）にされている。戦争は絶対にしてはいけない。岸田政権は、戦争を繰り返してはならないという思いが結集した宝の憲法9条を壊そうとしている。政権をみんなで倒して9条を世界に広めたい」と力を込めました。

大型弾薬庫建設の強行 〝普通の暮らし〟奪った　大分

「私たちは心配なく普通に暮らしたいだけ。国の政治をしている人たちは国民の生活や命を守るのが仕事のはずなのに、どうしてこんなことを」――。5歳の子どもを育てる河野麗子さんはこう語り、表情を曇らせました。

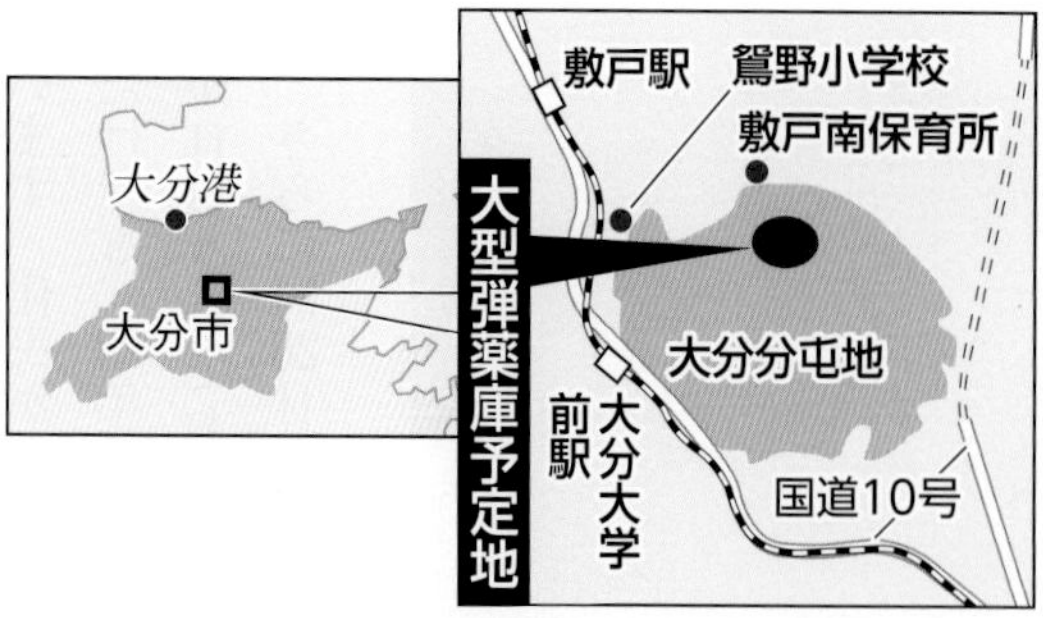

2023年11月29日、防衛省九州防衛局は大分市の住宅密集地のど真ん中に位置する陸上自衛隊大分分屯地（通称＝敷戸弾薬庫）で、大型弾薬庫2棟の着工を強行しました。予定地から約1キロのところに住む河野さん。「娘が小学校に上がる前に引っ越そうかなとも考えた。説明会では『安全』と言っていたが不安が払しょくされなかった」

住宅密集地のど真ん中に位置する分屯地（奥の丘陵全体）。点線で囲っているのが建設中の病院＝大分市

住宅密集地に

大型弾薬庫は、22年12月16日に岸田政権が閣議決定した安保3文書にもとづくもので、違憲の敵基地攻撃兵器＝長射程ミサイルを保管するため、32年度までに全国に約130棟を整備する計画。敷戸がその第1弾で、1棟目が25年12月ごろ、2棟目が26年度中に完成を予定しています。

有事になれば、弾薬庫は真っ先に標的となります。周辺には、住宅地だけでなく保育園、幼稚園、子ども園、大分大学などが存在します。大型弾薬庫建設に反対する住民らでつくる「大分敷戸ミサイル弾薬庫問題を考える市民の会」によると、周辺の5小学校区に2万世帯約4万人が暮らしているといいます。

予定地から800メートルの自宅に40年以上暮らし、3人の子どもを育て上げた、「市民の会」共同代表で敷戸北町の元自治会長の宮成昭裕さんは、「戦争になれば敷戸かいわいはすべて危険域だ。それを何もしないで『はい』とは言えない」と強い懸念を示しました。

分屯地周辺の住宅街には、路地を挟んだ反対側まで分屯地のフェンスが迫っている場所もあり、大型弾薬庫予定地から400メートルの距離にある保育所付近のフェンス内外には「火気厳禁」「危険」

などの看板とともに消火用水用のドラム缶が並んでいました。分屯地から50メートルの場所にある鷲野《おしの》小学校の近くでは病院が建設中です。

一切説明拒否

1986年、当時の防衛庁は、敷戸弾薬庫内にTNT火薬換算で約千トンの弾薬を保管していることを認めました（4月、衆院安保特別委員会）。「市民の会」が今月発表した声明は、爆薬千トンの破壊力は広島型原爆の15分の1に相当し、千トンをまとめて保管した場合は、学校や住宅などとの間に確保しなければならない「保安距離」は計算上3キロを超え、同弾薬庫の敷地の広さでは足りないと指摘しています。

分屯地のそばで大型弾薬庫予定地の方向を指さす宮成さん。指した先には消火用水のドラム缶が＝大分市

それにもかかわらず、今回の大型弾薬庫建設に関する住民説明会（2023年11月2日）で防衛省は、長射程ミサイルの有無を含め、保管する弾薬の量や種類について一切の説明を拒否。「関係法令に基づき（大型弾薬庫を）整備する。安全性に万全を期している」と強弁しました。その後、説明会は開かれていません。

戦争計画に組み込まれ

「市民の会」事務局次長の合《ごう》田《だ》公計《きみかず》大分大学名誉教授は、今回の大型弾薬庫建設は「国際人道法の追加議定書違反だ」と批判します。

日本も04年に加入した国際人道法の第1追加議定書（1977年採択）は、弾薬庫などの軍事目標の近傍から住民を避難させることや人口密集地やその近辺への軍事目標設置を避けるよう求めており、国際赤十字は、こうした配慮は平時からされるべきだとしています。

さらに声明は、ミサイルの陸上輸送や26キロ離れた陸自湯布院駐屯地（大分県由布市）への2024年度の地対艦ミサイル部隊配備を考えれば、「市民・県民全体に及ぶ大問題」だと警告しています。防衛省の資料によると、23年10月に行われた陸自と米海兵隊の大規模合同演習「レゾリュート・ドラゴン23」では、弾薬が同分屯地から市内の公道を通り、大分港から沖縄県の米海軍ホワイトビーチや米空軍嘉手納基地を経て、鹿児島・奄美大島の陸自瀬戸内分屯地まで運ばれました。合田さんは、「敷戸弾薬庫は、南西諸島の戦争計画に組み込まれている」と指摘します。

宮成さんは「やはり平和外交で戦争を防ぐ努力を。私たちの時代で戦争が起こっては困る。ましてや子どもや孫たちの時代に起こしてはならない」と訴えました。

〈資料〉

「安全保障」３文書（要旨・抜粋）

政府が２０２２年12月16日に閣議決定した安保３文書（国家安全保障戦略、国家防衛戦略、防衛力整備計画）の要旨・抜粋は以下のとおりです。

国家安全保障戦略

■策定の趣旨

・わが国は戦後最も厳しく複雑な安全保障環境に直面。ロシアによるウクライナ侵略と同様の深刻な事態が、将来、インド太平洋地域、とりわけ東アジアにおいて発生する可能性は排除されない。

・２０１３年にわが国初の国家安全保障戦略が策定され、平和安全法制の制定等により、安全保障上の事態に切れ目なく対応できる枠組みを整えた。その枠組みに基づき、戦後のわが国の安全保障政策を実践面から大きく転換。

■安全保障環境

〔中国〕現在の中国の対外的な姿勢や軍事動向等は、これまでにない最大の戦略的な挑戦。わが国の総合的な国力と同盟国・同志国等との連携により対応すべきである。

〔ロシア〕今回のウクライナ侵略等によって、国際秩序の根幹を揺るがし、欧州方面においては安全保障上の最も重大かつ直接の脅威と受け止められている。

■防衛力の抜本的強化

・わが国に対する武力攻撃が発生し、その手段として弾道ミサイル等による攻撃が行われた場合、武力の行使の３要件に基づき、そのような攻撃を防ぐのにやむを得ない必要最小限度の自衛の措置として、相手の領域において、わが国が有効な反撃を加えることを可能とする、スタンド・オフ防衛能力等を活用した反撃能力が必要。

・反撃能力は、１９５６年２月29日に政府見解として、憲法上、「誘導弾等による攻撃を防御するのに、他に手段がないと認められる限り、誘導弾等の基地をたたくことは、法理的には自衛の範囲に含まれ、可能である」としたものの、これまで政策判断として保有することとしてこなかった能力に当たる。この政府見解は、２０１５年の平和安全法制で示された武力の行使の３要件の下で行われる自衛の措置にも当てはまる。

・わが国が反撃能力を保有することに伴い、弾道ミサイル等の対処と同様に、日米が協力して対処。

・おおむね10年後までに、より早期かつ遠方でわが国への侵攻を阻止・排除できるように防衛力を強化。

■財源措置

・27年度に現在の国内総生産（ＧＤＰ）の２％になるよう、所要の措置を講じる。

■総合的な防衛体制の強化

・官民の先端技術研究の成果の防衛装備品の研究開発等への積極的な活用、新たな防衛装備品の研究開発の態勢強化等を進める。

・防衛装備移転や国際共同開発を幅広い分野で円滑に行うため、防衛装備移転三原則や運用指針をはじめとする制度の見直しを検討。

■全方位でシームレスに守るための取り組みの強化

・能動的サイバー防御を導入。法制度の整備、運用の強化を図る。

・有事の際の防衛大臣による海上保安庁に対する統制を含め、海上保安庁と自衛隊の連携・協力を不断に強化。

・宇宙航空研究開発機構（ＪＡＸＡ）等と自衛隊の連携強化。

・民間のイノベーションを推進。広くアカデミアを含む最先端の研究者の参画を促進。

・外国による偽情報等に関する情報の集約・分析、対外発信の強化、政府外の機関との連携の強化等のための新たな体制を整備。

・自衛隊・海保のニーズに基づく空港・港湾等の公共インフラの整備や機能を強化。

■経済安全保障

・サプライチェーン強靭《きょうじん》化について、特定国への過度な依存を低下させ、次世代半導体の開発・製造拠点整備、レアアース等の重要な物資の安定的な供給の確保等を進める。

国家防衛戦略

■抑止力

ロシアがウクライナを侵略するに至った軍事的な背景としてはウクライナのロシアに対する防衛力

が十分ではなく、ロシアによる侵略を思いとどまらせ、抑止できなかったことにある。どの国も一国では自国の安全を守ることはできない。外部からの侵攻を抑止するためには、共同して侵攻に対処する意思と能力を持つ同盟国との協力が重要。さらに、力による一方的な現状変更は困難であると認識させる抑止力が必要。

■日米同盟による共同抑止・対処

・日米同盟の抑止力・対処力を一層強化する。日米両国はその戦略を整合させ、共に目標を優先付け。同盟を絶えず現代化し、共同の能力を強化。わが国の反撃能力については、情報収集を含め、日米共同でその能力をより効果的に発揮する協力態勢を構築。

・日米共同計画に係る作業等を通じ、運用面における緊密な連携を確保。より高度かつ実践的な演習・訓練を通じて同盟の対処力向上を図る。

■防衛力の抜本的強化で重視する能力

①スタンド・オフ防衛能力…27年度までに、地上発射型および艦艇発射型を含めスタンド・オフ・ミサイルの運用可能な能力を強化。外国製のスタンド・オフ・ミサイルを早期に取得。10年後までに、航空機発射型スタンド・オフ・ミサイルの運用可能な能力を強化。変則的な軌道で飛翔することが可能な高速滑空弾、極超音速誘導弾等の運用能力を獲得。

②統合防空ミサイル防衛能力…ミサイル攻撃については、まず、ミサイル防衛システムを用いて迎撃。その上で、必要最小限度の自衛の措置として、相手の領域において、有効な反撃を加える能力として、スタンド・オフ防衛能力等を活用。

③無人アセット防衛能力…情報収集・警戒監視のみならず、戦闘支援等の幅広い任務に効果的に活用。

④領域横断作戦能力…宇宙作戦能力の向上、能動的サイバー防御を含むサイバー安全保障、電子戦能力の有効な機能。

⑤指揮統制・情報関連機能…27年度までに、AIなどを活用し、ハイブリッド戦や認知領域を含む情報戦に対処可能な情報能力を整備。

⑥機動展開能力・国民保護…南西地域における空港・港湾施設等の利用拡大や補給能力を向上。

⑦持続性・強靱性…継戦能力を確保・維持。27年度までに、弾薬・誘導弾の必要数量が不足している状況を解消。10年後までに弾薬・誘導弾および部品の適正な在庫の確保を維持、火薬庫の増設を完了。27年度までに、司令部の地下化など各施設を強靱化。おおむね10年後までに、防衛施設をさらに強靱化。

防衛力整備計画

■自衛隊の体制

〔陸上自衛隊〕

・南西地域への機動展開能力を向上させるため、共同の部隊として海上輸送部隊を新編。

・南西地域に防衛体制を強化するため、第15旅団を師団に改編。高い練度を維持した1個師団、2個旅団、1個機甲師団を北海道に配置。

・スタンド・オフ防衛能力を強化するため、12式地対艦誘導弾能力向上型を装備した地対艦ミサイル部隊を保持。島嶼防衛用高速滑空弾を装備した部隊、島嶼防衛用高速滑空弾（能力向上型）、極超音速誘導弾を装備した長射程誘導弾部隊を新編。

・南西地域に補給処支処を新編。補給統制本部を改編、各補給処を一元的に運用。

〔海上自衛隊〕

・護衛艦等に12式地対艦誘導弾能力向上型等のスタンド・オフ・ミサイルを搭載。

・潜水艦に垂直ミサイル発射システム（VLS）を搭載し、スタンド・オフ・ミサイルを搭載可能とする垂直発射型ミサイル搭載潜水艦の取得を目指し開発。

・有事における航空攻撃への対処等のため、戦闘機（F35B）の運用が可能となるよう、いずも型護衛艦の改修を推進。

〔航空自衛隊〕

・F2戦闘機が退役する35年度までに、英・イタリアと次期戦闘機の共同開発を推進。

・宇宙作戦能力を強化、航空自衛隊を航空宇宙自衛隊とする。

■所要経費…23年度から27年度の5年間における防衛力整備の水準に係る金額は43兆円程度。

徹底追及 安保3文書
戦争の準備でなく平和の準備を

2024年1月23日　初　版
2024年2月22日　第2刷

著　者　「しんぶん赤旗」政治部 安保・外交班
発　行　日本共産党中央委員会出版局
〒151-8586　東京都渋谷区千駄ヶ谷4-26-7
TEL 03-3470-9636 / mail:book@jcpmp.jp
https://www.jcp.or.jp
振替口座番号 00120-3-21096
印刷・製本　株式会社 光陽メディア

ISBN978-4-530-04418-5　C0031　Printed in Japan